「ゆらぎ」と「遅れ」

不確実さの数理学

大平 徹

新潮選書

まえがき

「不確実さ」よりは「安定」を好むのが我々の日常的な感覚である。暗闇の道で先の見えない不安や、不安定な社会情勢などは、好まれるものではない。しかし、本書でも例を挙げるように、現実には日々、我々は不確実さに囲まれ生活している。また、人間は紀元前からの長い年月、さまざまな賭け事に身をやつしてきたし、株式をはじめとした金融商品の損益に一喜一憂してきた。まったくの安定ばかりではなく、不確実さのもたらす刺激や利益をもまた、求めてきたのも事実なのである。

不確実さを理解しようという知的な積み重ねは、学問的な探究心と合わせて、このような刺激と利益への欲求にも動機づけられて行われてきた。本書では特に、「ゆらぎ」や「遅れ」と関連する不確実さについて、いくつかの数理や現象を紹介していく。

この本の執筆の話をいただいたときに即座に感じたのは、我々の身近な経験や現象にも不確実性からくる「意外」さが多く存在することと、その面白さを広く伝えたいということである。例えば、スポーツの世界ではよく、「サッカーは何が起きるかわからない」「野球は9回ツーアウトから」という言葉が聞かれるが、これらは単に言葉だけではなく、意外に事実を反映している。

この本の執筆中にも2014年ブラジルワールドカップの準決勝で、開催国のブラジルがドイツに7対1で惨敗するという事件が起きた。誰がこれほどの点差を予想できただろうか。

数理の世界で不確実さを学んでみると、常識的に感じられているのとは異なり、意外なことの起きる確率が高かったり、逆に、確かだと思われていたことが、実はそうでなかったりということに直面する。また、一般には、不確実なことは避けるべきこと、ノイズは除去すべし、というように扱われる。しかし、これも我々に身近な現象も含めて丁寧に考えてみると、そうとは言えない事例がいくつもあり、興味はつきない。

本書では、数理科学の世界で、不確実さについてどのように考えられているのかを、自然や社会のなかでの身近な事象や概念にもとづいて、できる限り数式を用いないで平易に解説していきたいと思う。特に、振動やノイズなどの「ゆらぎ」や、情報伝達などの「遅れ」がもたらす不確実さに焦点を当てて、物理（振り子など）、生物・人（個人や集団の動きなど）から、社会（金融市場など）にいたるまで、その意外な影響や効果を紹介する。これらの事例を通じて、実は「ゆらぎ」や「遅れ」が、必ずしも避けるべき悪役ではなく、これらに伴う不確実さが、時として有用で豊かな現象や概念の創出につながっていることを伝えたいと願っている。

別の側面だが、筆者が不確実さに強い興味を持ち、一般の読者にも伝えたいと感じたのは、自分自身も曖昧な感性を持ち、それにともない「ゆらいだ」経歴を経てきた人間であるということも関係しているだろう。

高校（筑波大附属）は文系コースで、数学も2年生の数学Ⅱまでしか取っていない。高校を卒業したあとは、グルー基金奨学生として渡米し、アメリカやイギリスで大学、大学院と教育を受けた。ちなみにこの奨学金（現在はグルー・バンクロフト基金）は戦前の駐日アメリカ大使の遺志と遺産で、日本の高校卒業生にアメリカの主に小さな大学でリベラル・アーツ教育を受けさせる。

筆者も、ニューヨーク州の北部にある1学年が400人程度の全寮制のハミルトン・カレッジ（日本では無名だがノーベル賞受賞者も2名輩出している）に派遣され、文系理系の区別もなく4年間の学部時代を過ごした。もともと文学や歴史を学ぶはずであったが、途中から物理の専攻となりイギリスのケンブリッジ大学のクライスツ・カレッジで1年弱を過ごした後、アメリカに戻りシカゴ大学大学院に進んだ。博士号取得後はアカデミアを離れて民間企業の研究所にいたが、20年ほどして名古屋大学で数学を教えることになった。

世間的には、いわゆる「グローバル人材」であるのだが、プロフィール写真にもあるように、そのイメージとは対極の風体と性格である。たまたま同姓である故・大平正芳元首相はその口癖から「アー、ウー宰相」と呼ばれたが、筆者も「あの、その、まあ」ともじもじしてあまりはっきりせず、会話の途中で相手をイライラさせることもある。思考もあまりロジカルではなく、情緒的であるように思う。

そういう「文系」タイプの人間が、数学や科学と直面するとわからないことがままあるので、これらの分野が苦手という人には親近感を持つ。自身は難しいところは避けながら、わかりそうなところから少しずつ丁寧に考えてくるしかなかったし、今もそうである。その時々に「なんとなくこんな感じかな」とか「ああ、ここでつまずいていたな」と理解してきたことを、本書でも伝えられれば幸いと思う。

そのため、いくつかの基本的な概念と合わせて、できるだけ身近な例を挙げて、正確さは往々に犠牲にしながらも、直感的な理解につなげてもらうことに注力した。中には、一般の方には難しい部分もあると思うが、単純な概念や計算の積み重ねにすぎないと、読み進めていただいてよいと思う。特に数学アレルギーの強い人は、数式のあたりを読み飛ばしても、概要は摑んでいただけるように構成したので安心してほしい。時々、一服ついてもらうために、雑記やエピソードも入れてみた。

一方、数学好きは逆に物足りなさを感じられるかもしれないが、単純なレベルの数理の組み合せでも、現実の現象と嚙み合わせることで広がりを持ち得ることを伝えられたらと思う。全体としては「ゆらぎ」と「遅れ」に関する不確実さについて、興味を持たれたら掘り下げていただくことができる「手がかり」の提供を目指しており、その役割を果たせればと願う。

各章や各節は連繫している部分もあるが、ほぼ独立であるので、最初から順番に読んでもらう必要はないし、逆に興味を感じられる節を「つまみ読み」されることをお勧めする。数式が出てくる節もあるし、お話だけの節もある。先に述べたように、できるだけ様々なバックグラウンドや、数学の多様なレベルの読者に感覚を摑んでもらえるように配慮した。いくつかのトピックについての見出しを列挙しておくので、面白そうと直感されたところや、無理のないところから読み始めていただくのがお勧めである。

電子レンジはなぜ温められる　（30ページ）
ゆらぎでゆらぎを抑える　（35ページ）
あの電子メールもう届いただろうか　（59ページ）
えっ、同じ誕生日？　（75ページ）
このくじを買うべきか　（80ページ）
おとりと犯人――二手に分かれたらどうする？　（85ページ）
誰が勝つのだろう――トーナメント戦の不思議　（88ページ）
円安の効果はいつ現れる？　（103ページ）
遅れを使って大もうけ　（105ページ）
反対の手でペットボトルを振りながら、棒を指先でバランス　（123ページ）
クラスの中で班分けだ。誰と一緒になるだろう　（146ページ）
この池に、亀は何匹いるだろう？　（150ページ）
熱があるけど、インフルエンザかしら　（168ページ）
不良品発生。どの工場で作られた？　（171ページ）

ではこれから、あまり振り返られることはないが、我々の日常にさりげなく存在している「ゆらぎ」と「遅れ」の世界をのぞいていこう。

「ゆらぎ」と「遅れ」——不確実さの数理学　目次

「ゆらぎ」と「遅れ」——不確実さの数理学

序章　「ゆらぎ」と「遅れ」

ゆらぎとは？

「ゆらぎ」という言葉から思い浮かぶことは何だろう。風にそよぐ木の葉のゆらぎ、ブランコのゆらぎ、時計の振り子のゆらぎ、気持ちのゆらぎ、方針のゆらぎ、などなど、物理的なものから観念的なもの、規則正しい動きや不規則な動きまで、さまざまな連想が広がる言葉である。共通しているのは、1つの固定した状態や状況に安定をしていないということであろう。また、どちらかといえば規則正しい振動よりは、より不規則に感じる動きを表現しているともいえる。そして、ゆらぎは確実性のないということを示すのにも使われる。

本書でも、さまざまな形でこのゆらぎという言葉を使う。物理の実験などにつかう振り子の動きのような規則的な動きも考えるが、どちらかというと不規則な場合も多く扱い、特に相対的に動きの「速い」不規則な動きには「ノイズ」という表現を使う。

ゆらぎの中には心地よいものもあるだろうが、「ノイズ」と言われるとイメージはあまり良くない。携帯電話での通話にも雑音は欲しくないし、近隣での工事や地震によるガタガタとした動きもできれば避けたい。実際、ノイズやその影響を除去する、もしくは対処するということは工学の分野を中心に重要な研究や作業の対象となっている。

本書ではしかし、必ずしもノイズを「悪役」にしないばかりか、逆に有益に生かすという立場の研究や現象も紹介する。特にゆらぎやノイズを活用する「共鳴」という現象を中心としながら、安定的でないことにも良いことがあることを読者に伝えたいと考えている。

遅れとは?

遅れもどちらかと言えば喜ばしくない状況で使われる。電車の遅れ、業務プロジェクトの遅れ、支払いの遅れなど、いくつも連想できる。遅れがあれば、物事が時間通りに進まないし、不確実にする要因の1つであることも、身近に感じられるところだろう。実際、遅れがあって良いことを探すことは難しいが、いくつか挙げることができる。

例えば、バレーボールにおける時間差攻撃では、意図的に相手の防御のタイミングを外して、遅らせてスパイクすることで有効な戦法となっている。

音楽においても遅れは有効に使われている。私くらいの世代では音楽の授業などで「かえるの合唱」という曲を、2つのグループに分けて時間差をおいて歌う輪唱の練習を行った。ベルリオーズの幻想交響曲の第三楽章の冒頭では、2人の離れた羊飼いの牧歌を表現するために、木管楽器コーラングレと舞台裏のオーボエで、やまびこのように遅れて同じ旋律が演奏されるという技巧が組み込まれている。

本書で扱う「遅れ」は主として、このやまびこの感じに近い概念である。自分が発信した信号や動きが、ある時間がたってから自分に戻ってくる（自己フィードバックにおける遅れ）、もしくは他の関係者に伝わるのに時間がかかる（相互作用における遅れ）などが、本書で述べる具体例である。

そして、このような遅れは、実はゆらぎとも密接な関係がある。シャワーの温度を調整しようとして、熱くしすぎたり、冷たくしすぎたりを繰り返してしまうことも、機器の反応に遅れがあるからである。また、遅れは往々にして単純な振動にとどまらず、とても複雑な挙動をもたらすことも紹介する。

これらは必ずしも不快ではない。イギリスのロックバンド、クイーンのギタリスト、ブライアン・メイはフィードバック遅れを巧みに活用して、重厚で印象的なサウンドを生み出している。２０１２年のロンドン・オリンピックの閉会式など、彼のライブでのソロ演奏では、しばしばこの見事な音の畳み込みが披露されている。

遅れもまた必ずしも「悪役」ではないのである。

不確実さと確率

不確実さにつながる「ゆらぎ」や「遅れ」に関する、現象や基本的な数理が本書での2つの柱となるのだが、不確実さにおいても様々なとらえ方が可能である。すでに述べたように「ゆらぎ」においても、振り子の規則的な振動のように、1点に固定されてはいなくても、これまでの動きから将来の動きを精確に予測することができる場合がある。「遅れ」がもたらす複雑に見える動きも、その詳細をきちんと調べれば、これも偶然に任せたものではないと見極めることができる。実際、科学の進歩は、惑星の動きから、生命遺伝にいたるまで、まったくの偶然による、もしくは規則性がないと思われていた現象に対して、規則性や仕組みが存在していることを1つ1つ明らかにしてきた営みであった。

このように考えてくると、なにが偶然や不確実で、何がそうでないのかなどの境界もかなり曖昧になってくるし、時代とともに変化もしている。そしてこの問題は、思想家たちを様々に魅了して来た。例えば、夏目漱石の遺作である『明暗』の冒頭では、数学者のポアンカレに言及しながら、この疑問が提示されている。

彼は二、三日前ある友達から聞いたポアンカレーの話を思い出した。彼の為に「偶然」の意味を説明して呉《く》れたその友達は彼に向ってこう云った。

「だから君、普通世間で偶然だという、所謂《いわゆる》偶然の出来事というのは、ポアンカレーの説によると、原因があまりに複雑過ぎて一寸見当が付かない時に云うのだね。ナポレオンが生れるためには或《ある》特別の卵と或特別の精虫の配合が必要で、その必要な配合が出来得《う》るためには、又どんな条件が必要であったかと考えて見ると、殆《ほと》んど想像が付かないだろう」

彼は友達の言葉を、単に与えられた新しい知識の断片として聞き流す訳に行《ゆ》かなかった。

（夏目漱石『明暗』新潮文庫）

このように考えると、不確実さや関連する「ゆらぎ」と「遅れ」に明確な定義を与えることが困難になるところもある。しかし、現実の問題に向き合う際には、絶対的に明確な定義はなくても、相対的な考え方を用いることができる。

例えば1億円は一般個人には「大金」だが、数兆円を売り上げる大企業においては、「誤差」にもなり得ることと類似する。

このような考え方は物理学でも必須というほどよくとられる立場で、地球は原子と比べれば「大きい」が、宇宙と比べれば「小さい」。いま自分たちの注目する対象と比較して、相対的に「大きい」「軽い」「速い」「遅い」などが意味を成すと言える。

「ノイズ」なども同様で、対象とするシステムの中で、想定される「自然な」動きに比べて、不規則に速く動いている部分を同定して扱う場合が多い。一般には、切り分け方は1つに定まらないが、往々に自然な基準が存在する。

例えば、携帯電話での通話を考えるのであれば、人の音声以外の部分をノイズとすることが、自然である。一方、もし電話機の中の部品の電気特性を調べているのであれば、前記の音声から切り分けられた電気信号部分は、ノイズとは言えないであろう。目的とする対象によって1億円が「大金」にも「誤差」にもなるのと同じである。

偶然についても、似たようなところがある。コインを投げる時も、高速度カメラなどでコインの微細な動きをとらえて解析するような場合と、表か裏が出る確率について考える場合によって、この現象を偶然と考えるかどうかは違う。考えている対象や事象に対して、その委細に立ち入らないで、偶然の事象であるとする、との我々の仮定や判断を導入した上で、確率などの問題に対する考察を進めているともいえる（我々の日常よりもはるかに「小さい」原子の世界を記述する量子力学では、逆に偶然が根源的であるとするのが、現在の物理学における理解ではあるが）。

では、実際に不確実な対象を数理的に扱うためにはどうするかといえば、確率やその周辺の概念を用いて考えるのが通常である。確率は賭け事と密接な関係を持って発展して来ており、日常的にも使われる用語となった。本書では、確率については中学生から高校生くらいの学力で理解できるように努める。しかし、それだけでもけっこう複雑になるし、適用できる範囲も意外と広い。

本書では、まず第1章から第5章にわたって、主に現象的な視点から「ゆらぎとノイズ」「確率」「遅れ」のそれぞれについて、あまり数学に立ち入らないで、身近な現象や話題を交えながら紹介していく。

第6章では、もう少し数理的に理解を深めたいという読者を想定して、多少数理に踏み込んだ解説や補足を行う。この章でも、クイズ番組に関する確率の問題や、インフルエンザ検査に代表される検査判定の問題など、身近なトピックを交えたので頁を開いていただきたいが、どうしても数式は受け付けないという読者は、この章を読み飛ばしていただいても、本書のメッセージを理解するには支障をきたさない。

最終章では、「ゆらぎ」と「遅れ」の視点を通しての不確実さの考察から、筆者が「生命と機械」「時間と空間」などについて感じたことについて述べてみた。

第1章　ゆらぎ

振り子と観覧車――単振動

「ゆらぎ」という言葉は、かなり広い範囲の現象を思い起こさせる。ここでは、まず規則正しい動きをするゆらぎとして、「単振動」を取り上げてみたい。これは基本的に、あまり大きく揺れていない振り子を思い浮かべていただければよい。日常的には見ることが少なくなったが、少し前の時代、掛け時計は振り子時計が多かった【図1－1】。規則正しく動いていて、支点から棒でつながれているおもりまでの部分が振り子である。子供の乗るブランコも振り子の一例である。

振り子の振れる幅を振幅という。支点部分の摩擦が小さく、振幅があまり大きくない時には、おもりが1往復する時間（周期）は規則正しく、振り子の長さによって決まることが発見され、それ故、時計に使われている。このような振り子の、規則正しい現象は単振動、もしくは単調和振動と呼ばれ、数式で表現できる。これは、【図1－2】にあるように、高校で習うサイン、コサイン――Sin(x)、Cos(x)という三角関数が、ちょうど適している。

【図１－１】昔なつかしい振り子時計

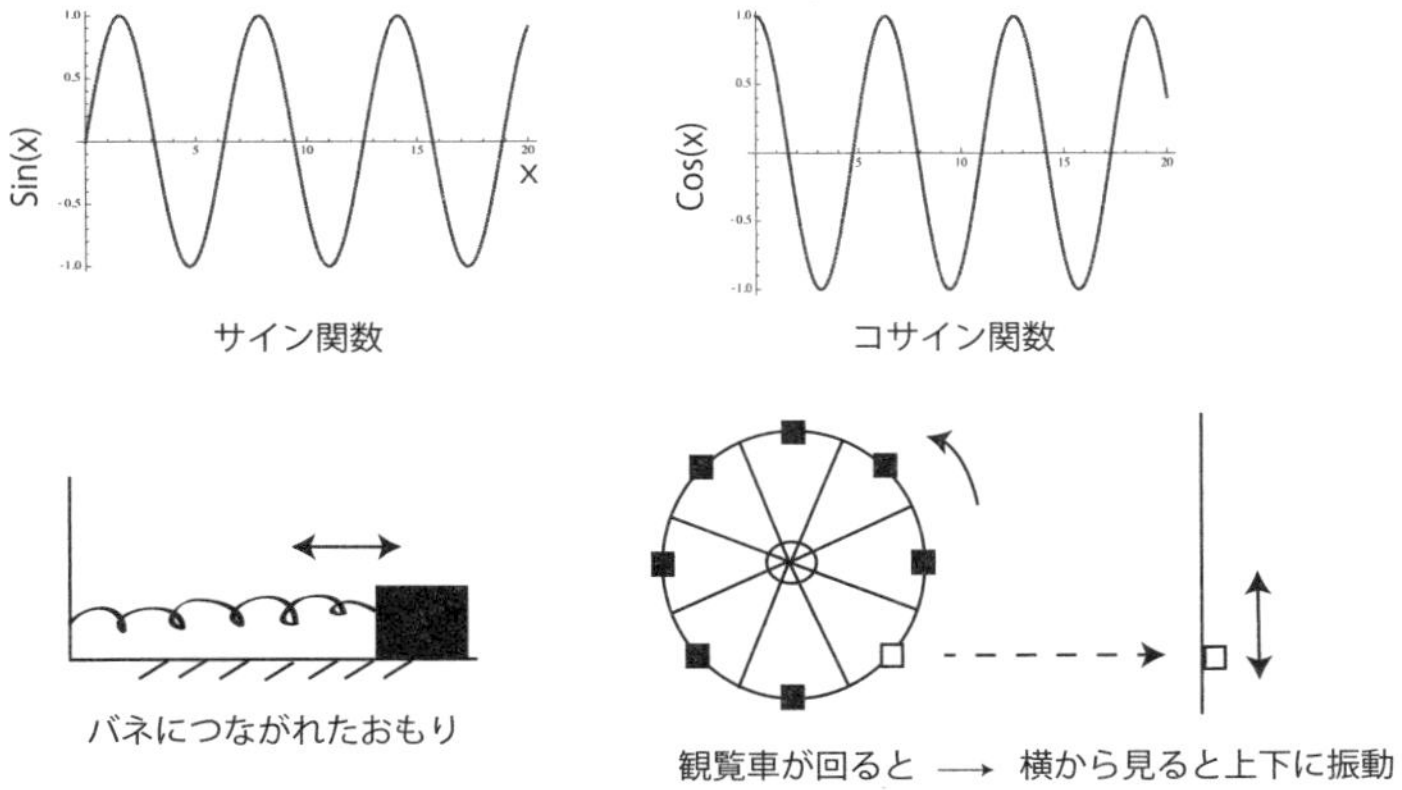

【図１－２】単振動の例

この図にも示したが、振り子の代わりに、長さの変化に比例した力を伝えるバネにつながれた「おもり」も、床との摩擦が無視できれば単振動の例になる。また、少し想像力を要するが、速度が一定で円運動をする物体に、光を平面の真横から当てて、壁に写った物体の影も単振動をする。もしくは夜に1つのゴンドラだけ光のついた観覧車を真横からながめて、このゴンドラが上下する運動も単振動である。

　この単振動について理解することは物理学の基本であり、電磁気、量子力学など物理の多くの分野で使われる現象、概念でもあるので、教育的にもかなり強く教え込まれる。本書では、これ以上深くは立ち入らないが、物理では単振動は中心的な柱の1つであり、この後に述べる応用にもつながるので、いくつかの用語は紹介する。既に、振幅と周期については述べたが、振動数や位相という概念もある。

振動数はある決められた時間に何回おもりが往復するかで、決められた時間を1秒とすれば、1秒に1回往復の振動数は1ヘルツと呼ばれる。動きが速くなれば、この振動数は大きくなるので、「速さ」の目安と考えてもらっていい。ちなみに、携帯電話に関連して話題になる「周波数」は電波の振動数のことである。メガヘルツといえば1秒間に100万回の往復なので大変速い。

我々の耳で聞こえる音は空気の振動が鼓膜に伝えられるのだが、その音の範囲は20ヘルツから2万ヘルツくらいと言われる。ギターなど楽器の調律によく使われる音叉（A音で「ラ」の音）は440ヘルツであり、感覚的には振動数もしくは周波数の低いほうが低い音である。また、周期と振動数は反比例する関係にあり、長い周期は低い振動数になる。1秒の周期をもつ単振動は1ヘルツの振動数で、1キロヘルツで0・001秒の周期となる。【図1－3】に例を示した。

次に位相であるが、こちらはやや難しい。位相は感覚的にはリズムのタイミングと考えていただいてよい。コンサートの拍手が、揃っていれば位相差はないが、そうでなければ位相差があるような感覚である。つまり、位相差は複数の振動のタイミングのずれの度合いを表す。数理的には位相は基本的には振動のどの位置にあるかを、ある基準点から計るのであるが、これに角度を用いる。角度が使われるのは前に述べた単振動と円運動の関係のためである。観覧車の例では、こんどは観覧車を正面から見て、光のついたゴンドラがどの位置にいるかを、基準の位置からの

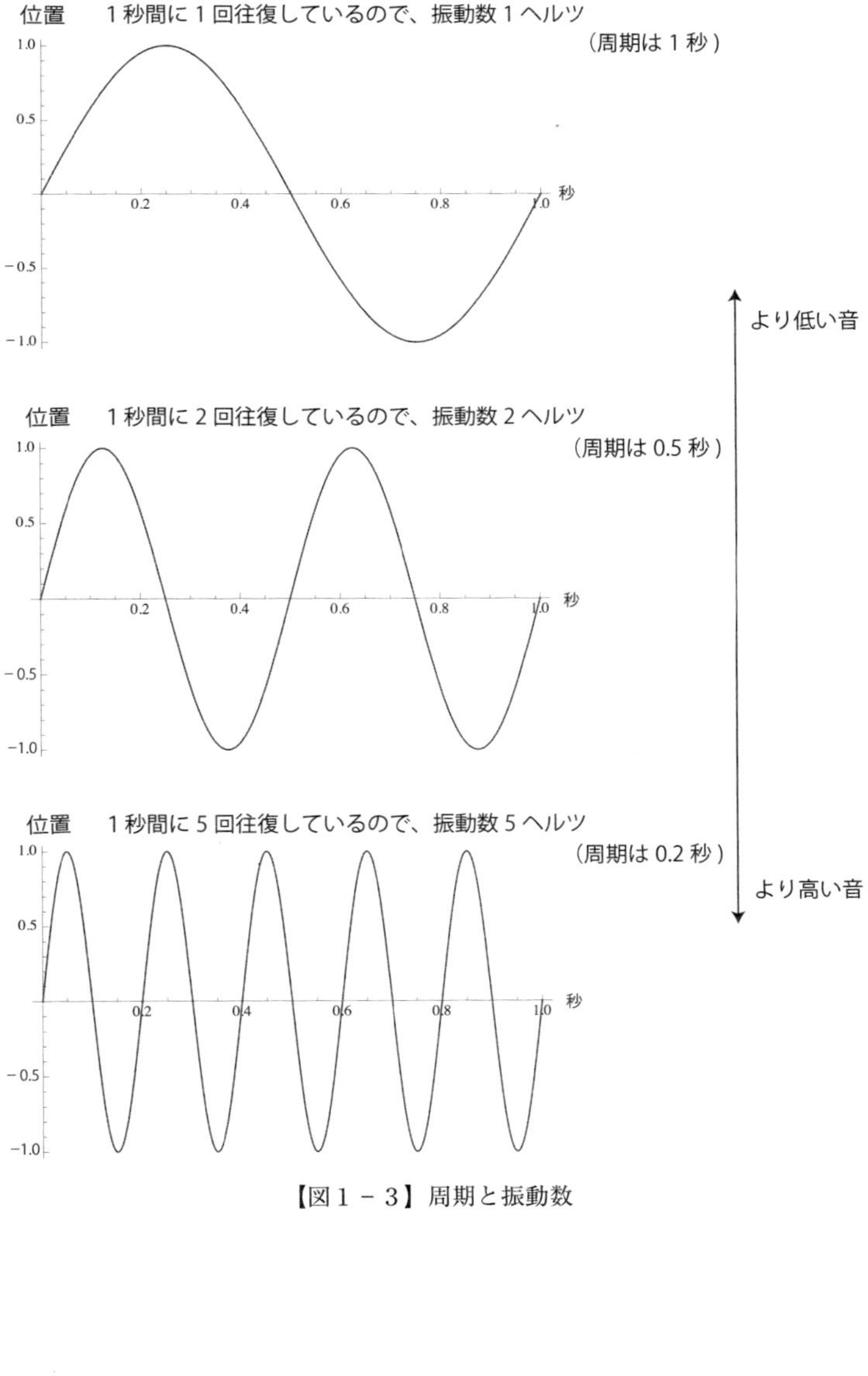
位置　1秒間に1回往復しているので、振動数1ヘルツ
（周期は1秒）
1.0
0.5
−0.5
−1.0
0.2
0.4
0.6
0.8
1.0
秒
位置　1秒間に2回往復しているので、振動数2ヘルツ
（周期は0.5秒）
1.0
0.5
−0.5
−1.0
0.2
0.4
0.6
0.8
1.0
秒
位置　1秒間に5回往復しているので、振動数5ヘルツ
（周期は0.2秒）
1.0
0.5
−0.5
−1.0
0.2
0.4
0.6
0.8
1.0
秒
より低い音
より高い音

【図１－３】周期と振動数

角度で表現するのである。これも【図1－4】にこの一例を示したが、ここでは基準点を「3時の方向」にとっている。

この概念は特に複数の振動があるときにそれらが、どれくらいずれて振動しているかを表現するときに使われる。この図に示したのは2つの単振動の位相が60度ずれている場合である。

単振動は、理想的な規則正しい振動であり、ある1点に安定していないとしても不確実さを感じさせるものではない。現実には規則性が崩れている場合も多々あるが、単振動に近いとして考えることができる。また、より不規則なノイズにおいても、次節で解説する「共鳴」などの現象では共通しているともいえるので、本書ではゆらぎの範疇として紹介した。

ブランコを大きく揺らすには――共鳴

多くの人が子供のころにブランコで遊んだ経験を持つだろう。ブランコ1つでも立ち漕ぎをしたり、振れる幅を競ったり、振れた時にジャンプして飛べる距離を比べたりなど、いくつかの遊び方がある。お母さんが子供の乗ったブランコを揺らすように、外から力を加えて、ブランコの振れ幅を大きくするには、必ずしも大きな力は必要でないが、リズムやタイミングが重要であることはみなさん体感していることと思う。

数学モデルでも、この現象は確かめられていて、これを「共振」や「共鳴」と呼ぶ。後者の呼び方は音に関する現象のイメージもあるが、本書では一般の場合にもこれを用いる。数学的には

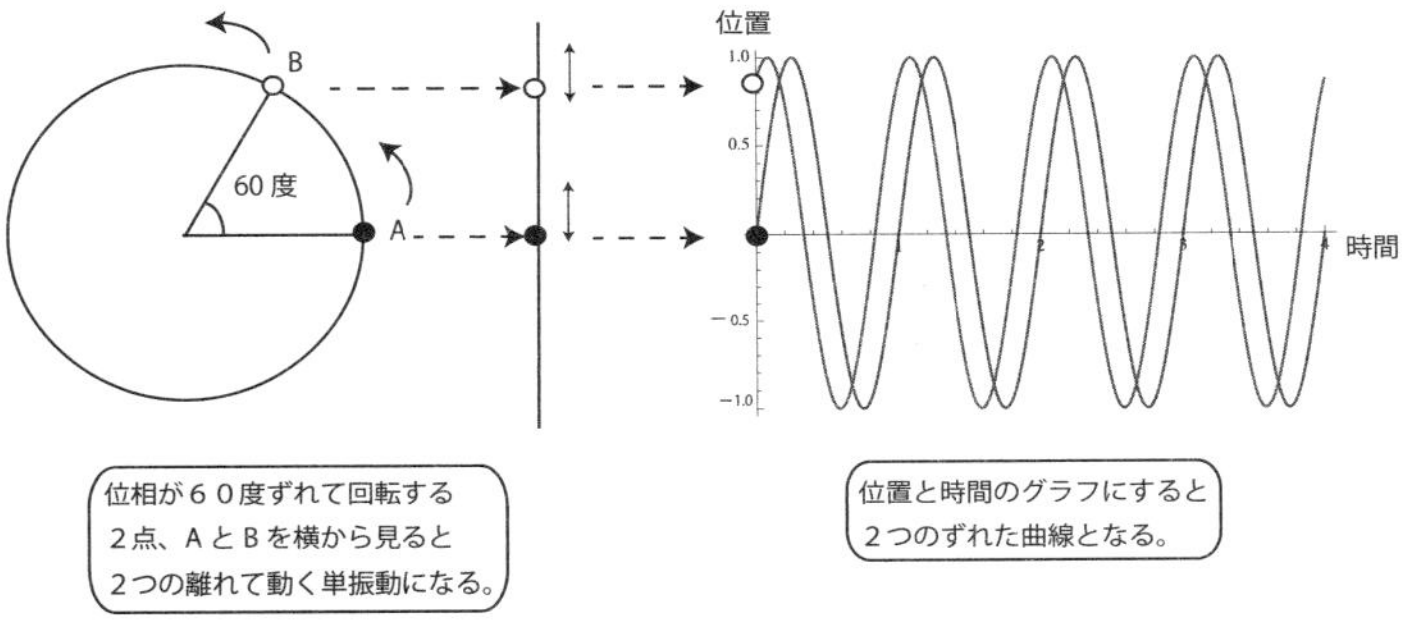
B
60度
A
位置
1.0
0.5
時間
－0.5
－1.0
位相が６０度ずれて回転する
２点、ＡとＢを横から見ると
２つの離れて動く単振動になる。
位置と時間のグラフにすると
２つのずれた曲線となる。

【図１－４】位相の概念図

先に述べた単振動の力学（摩擦なども含めたりするが）を記述する微分方程式に外力《がいりょく》（外からの力）を付け加えて表現する。すでに述べた単振動の振動数や位相と、外力のそれらが近いと、外力の振幅自体は小さくても大きな振動をもたらすことができる。つまり、小さな外力でもリズムとタイミングが合えば、大きくブランコを振らせることができるのである【図１－５】。

共鳴現象は、工学的な応用も含めて最も広く活用されている物理現象の１つといってよいであろう。我々が身の回りで使う多くの電子機器にもこの現象は活用されている。電子レンジでご飯を温められるのも、携帯電話が鳴るのも、ラジオを聴き、テレビ番組を観ることができるのも、原理的には共鳴現象が使われているからである。いくつか具体例をあげて、この現象の幅広さを感じていただこう。

ラジオ

１９７０年代、筆者が小学生高学年くらいの時には海外の短波放送をラジオで聴くということが流行になり、家電各社

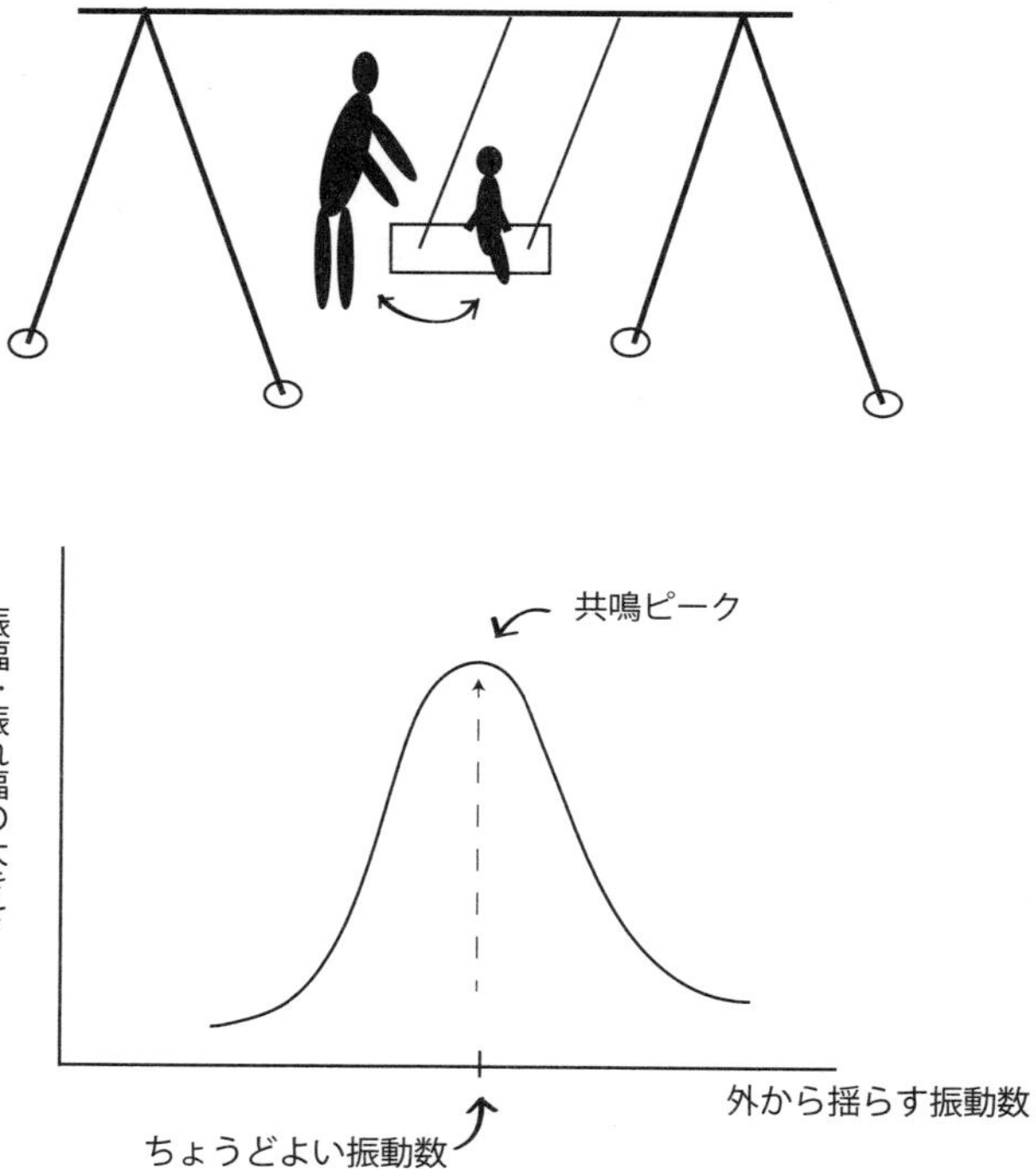

【図1－5】共鳴の概念図

から見た目も格好のよいラジオが多く発売された【図1－6】。最近はだいぶ減ったが、このころのラジオは選局をするのに、自分で丸いダイヤル型のノブを回してチューニングを行った。できるだけ雑音を少なくするために繊細なノブの動かし方が必要であった。

　最近のラジオにはより精度の優れた自動チューニングなどもあるが、原理としては、共鳴が使われていることには変わりはない。ラジオ局は割り振られた電波の周波数で発信をするが、これが外からの力に相当する。では振り子の部分は何かといえば、これは箱の中に電気回路で組まれている。もちろん物理的に揺れるような装置がラジオの中に入っているのではなく、電流の流れ方が振動するような、電気回路が組まれて入っている。チューニングのノブを回すということは、この回路の電流の振動する振動数を変化させるということなのである。

この回路の振動数が、放送局からの電波の周波数に近くなると、共鳴現象が起きて、その信号が増幅され、スピーカーを通じて我々が音楽などを聞くことができるようになるのだ。振り子で言えば振動数を変えるということは、おもりを吊るしているヒモの長さを変えることになる。ちょうど支点のところに穴が開いていて、この糸をひっぱったりゆるめたりする操作が、振動数を変化させるということに相当する【図1－6】。これに相当することをノブを回すことで、電気回路を通じて行うのである。

つまり、様々な振動数をもつ外力に相当するのが、様々な放送局からの違った周波数の電波で、ラジオではこれらを共鳴現象を活用して選択できるように、自らの内部の振動数を使用者が変化させるように作られている。これも同じ図に概観を示したが、チューニングのノブを回すと、この回路の振幅が大きくなるピークが、各放送局の周波数ごとに現れる。このようなピークは共鳴現象を示していて、その放送局の電波にチューニングがされたことを表している。

現実のシステムはより複雑で精緻・巧妙であるが、テレビの放送受信も、無線機通信や携帯通話も、原理的にはラジオと同様に電波に対する共鳴現象を用いている。当たり前のように使って

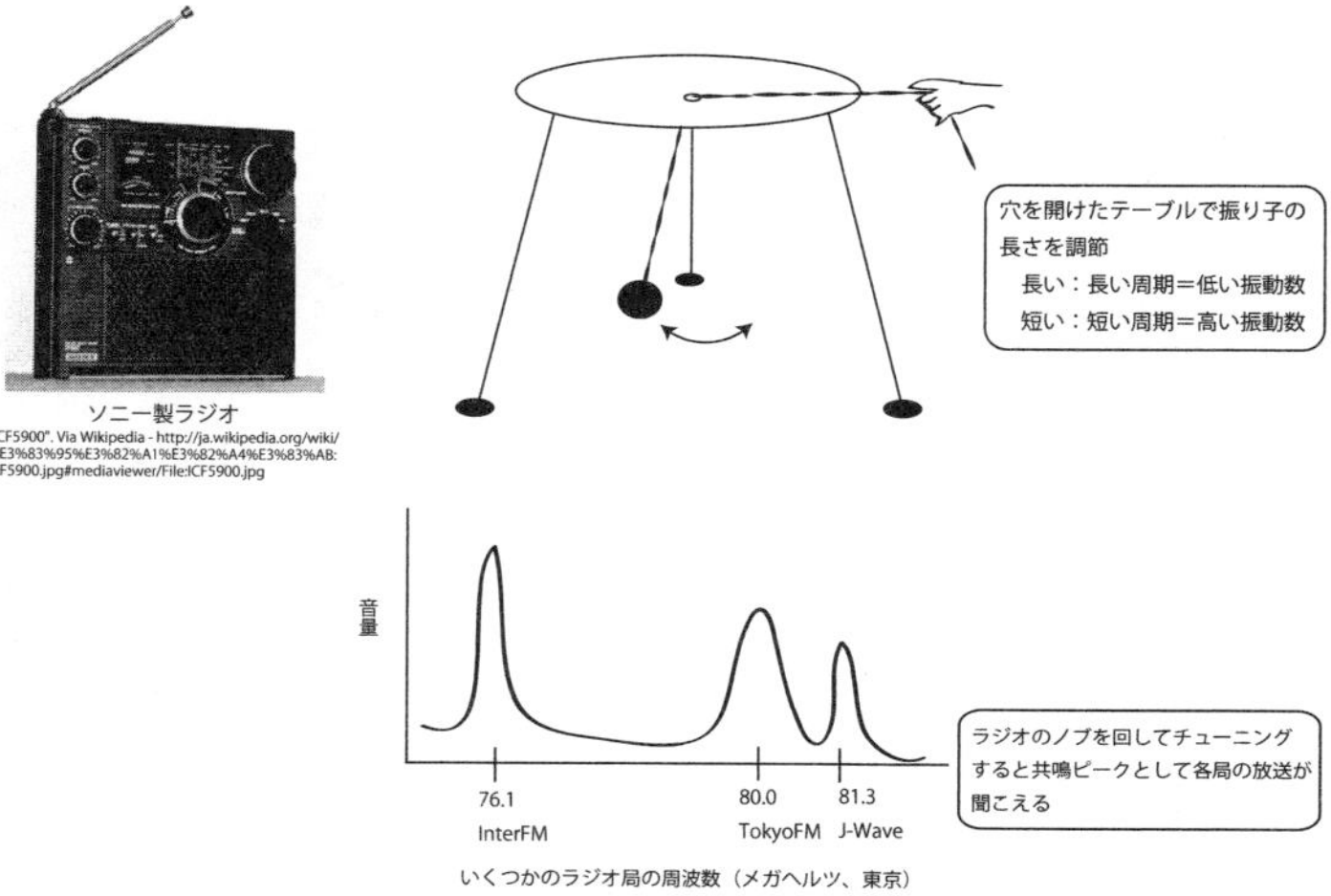

【図１－６】一時流行した短波も聴けるラジオと共鳴図

いても、これだけの電波が我々の周囲にあふれていて、それらがきちんと目的別や利用者別に活用されていることには、あらためて驚かされる。

余談だが、短波ブームの時には南米エクアドルからの放送が人気だった。「アンデスの声」と呼ばれる日本語放送もあった。このような海外の短波放送を受信できたと知らせる手紙を放送局に送ると、ベリカード（Verification Card）という各局の趣向をこらした葉書が送られてくるので、世界の各局のベリカードを集めることも流行した。エクアドルのように、日本から見れば地球の裏側からの電波さえ受信ができて放送が聴こえるなど、子供心にも世界への夢が膨らむ時代でもあった。

電子レンジ

コンビニでお弁当を買えば必ず「温めます

か?」と聞かれる。町中でも家庭でもすっかり普及した電子レンジだが、火や電熱線などを使っているわけではないし、中に入れた食べ物の周囲の空気が熱せられているわけでもなく、まさに不思議な現代の利器の1つである。

実はここでも共鳴現象が活用されている。実際の加熱のメカニズムはかなり複雑なのであるが、大雑把にいえば、食べ物の中に含まれている液体としての水の集団(分極)の振動に合わせた、周波数の電磁波をマグネトロンという装置を使って、照射しているのである。この電磁波は振動数が2・45GHz(1秒間に24・5億回振動する)でマイクロ波と呼ばれる。これが外力の働きをして、食物内の水分子たちの運動を大きくしているのである。そのためまったく水を含まないものは加熱されない。食べ物が熱くなっても容器が熱せられないのはこの理由による。ラジオ局のチャンネルを選べるように、様々な物質のもつ特有のゆらぎと共鳴を使うことで、特定の物質を選んで熱したりすることができるのである。

ちなみに同じ水でも、氷の状態であれば、また違う振動数を使うほうが効率的であり、業務用の解凍電子レンジでは、より低い周波数のものが使われている。家の電子レンジの中に皿の上にのせた氷(水気を含まないように注意)をおいてスイッチを入れても、思ったよりも融けない。試していただけると共鳴現象特有の性質を感じてもらえるかと思う。

橋の崩落

イギリスのマンチェスター市の近くにソルフォードという街がある。ここに1826年に作られたイギリスで最も古い吊橋の1つブロートン吊橋があった。この吊橋は1831年の4月に、その上を行進する74人の兵隊とともに崩落した。40人近くが約5メートルの高さから川に放り出されたが、幸い水深は浅かったため死者は出なかったという。

この事故も共鳴現象が原因であり、吊橋の持つ特有のゆらぎの振動数に、兵隊たちの規則正しい行進の歩調が符合したことによる。これ以降、イギリス陸軍では橋の上では歩調を乱すようにという軍令を出したという。

吊橋の共鳴による崩落はその後も続く。フランスのアンジェの街にあったバス・シェーヌ橋という吊橋は1850年、やはり約500人の歩兵隊がこの橋をわたっている時に崩落し、226人の死者が出た。このときは、行進自体は歩調を合わせないようにしていたのであるが、強い嵐の中で吊橋が揺れており、自らのバランスを保つための個々の動きが集団として同期したリズムを作ってしまい、これが橋の特有のゆらぎと共鳴したためと言われている。

20世紀にはアメリカ・ワシントン州シアトル郊外のタコマにあった吊橋が1940年に崩落した【写真1－7】。同年の7月1日に開通してから11月7日の事故までの3カ月余という短命な橋となった。この崩落は前者の2つと違い、その上を通行している者との共鳴ではなく、吊橋の周囲に吹く風の影響だった。橋自体は秒速60メートルの風まで耐えられるように設計されていた。当時としては最先端の技術を投じた吊橋だったというが、実際の崩壊は秒速19メートルの風によってもたらされた。

この崩落の原因は風自体の強弱などのリズムと吊橋のゆらぎの間の直接の共鳴と考えられてき

たが、もう少し複雑であるというのが現在の理解である。橋の周りに風の渦が作られて、その渦の周期的な力とタコマ橋特有のねじれゆらぎのリズムが共鳴を起こした「渦励振」という現象とされている。この事故により、以降の大きな橋の設計ではこの空力学的な側面の研究が進むこととなった。なお、このタコマ橋の吊橋のビデオ記録はインターネット上で見ることができるので、お勧めする。

歴史は繰り返すというが、つい15年ほど前にも吊橋の共鳴の問題が起きた。あやうく惨事はまぬがれたが、ロンドンのテムズ川に架かるミレニアム橋という2000年6月10日に開通したばかりの歩行者用の吊橋においてそれは起こった。こちらも映像がインターネットで公開されている。開通日に多くの人がこの橋を渡ろうと混雑したのだが、この時の橋の揺れが、人々の集団の動きに同期したリズムを与え、さらにそれが吊橋の揺れを大きくしたのである。映像を見てみると、最初バラバラだった人々の動きが、だんだんと同期して、橋の揺れも大きくなって行くのが見て取れる。発生のメカニズムは前述のバス・シェーヌ橋の場合と似ている。

【写真1－7】共鳴により崩壊するタコマ橋 "Tacoma Narrows Bridge Falling". Licensed under Public domain via ウィキメディア・コモンズ

幸いにして、橋は崩落しなかったが、開通3日後には閉鎖され、問題が修正されるまでに500万ポンド（約8億8000万円）の費用と1年以上の時間がかかった。ここでの問題は、縦揺れや風の影響は過去の問題や技術の蓄積から考慮されていたが、主に横揺れの振動に対応する計算が甘かったということである。

吊橋をひとつかけるにも、近年に至るまで共鳴現象と設計者の格闘は続いている。みなさんも観光地などにある小さな吊橋の上で跳ねたり、あまりリズムよく歩かないほうが賢明である。

皆の拍手が揃う時──同期現象

コンサートなどで、特にアンコールを求める拍手は、最初はバラバラでもだんだん揃ってリズムを刻むことが普通におきる。このような現象を「同期現象」という。前に述べた用語で話せば位相が同じ（位相差がゼロ）になるとも言える。

橋の崩壊のところでも述べたが、位相が揃えば共鳴が強くなり、より大きな効果を得ることができる。昆虫の世界ではホタルのオスが集団で同期して光ることが知られている。アメリカのグレートスモーキー山脈のテネシー州エルクモントや、マレーシアからパプアニューギニアあたりまでの南太平洋地域でホタルの同期発光により「ホタルの木」などの現象が見られる。このように、皆が揃って点滅するのは、メスとの交尾をより効率的にするためなどの解釈もあるようだ。

同期現象は、個々に振動するものが集団として集まった時に、適度な条件のもとでお互いに影響を与えることで起きる。メトロノームを使った簡単な実験も行なわれている。【図1－8】のような横に揺れる台の上に、同じ周期を刻むメトロノームをのせて、バラバラの位相で動かし始

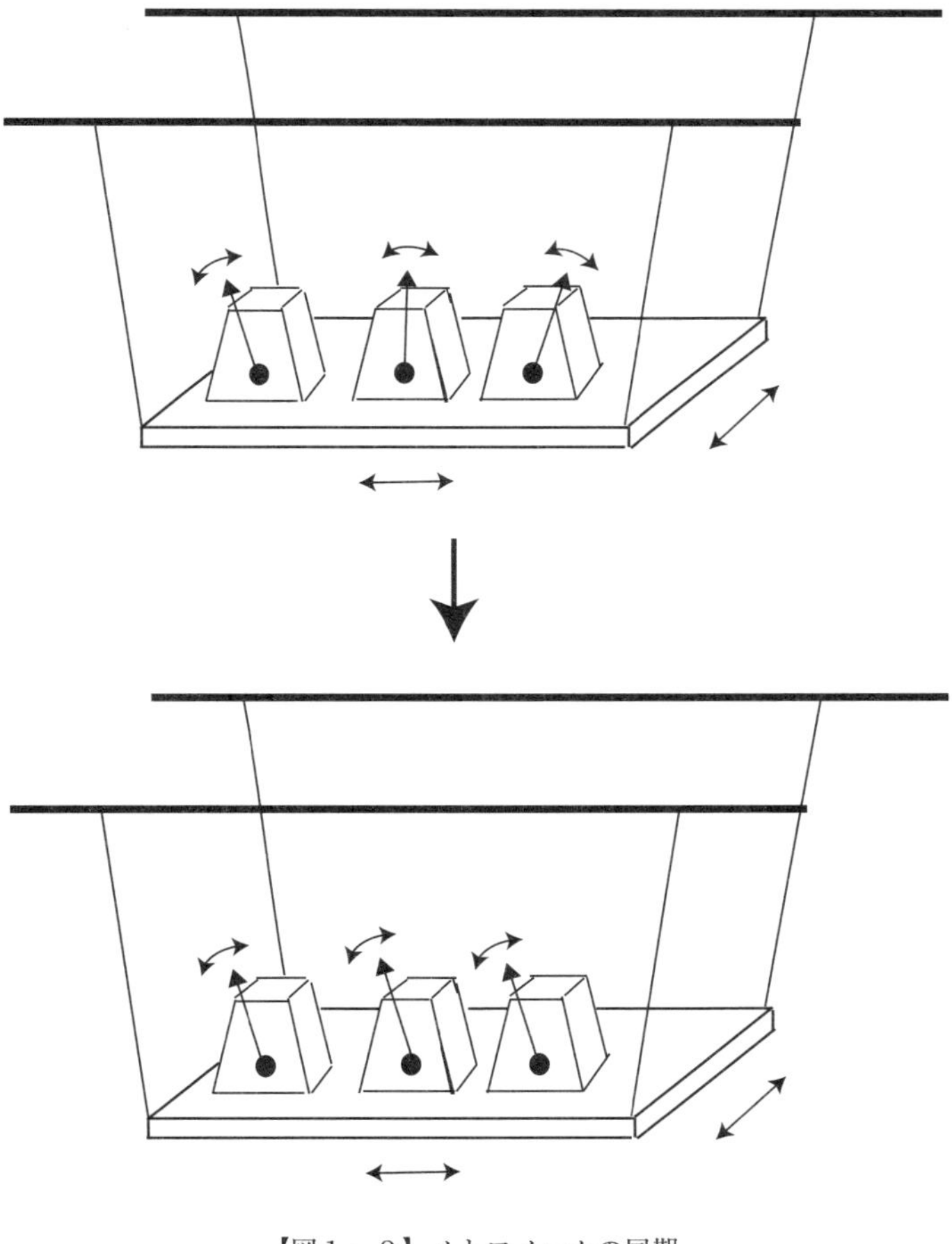

【図１－８】メトロノームの同期

めると時間がたつにつれ、これらのリズムが揃ってくることが起きる。また、台の揺れる振幅も、メトロノームたちが同期した時が1番大きい。共鳴の効果が出ているのである。

前記のホタルやメトロノームの動画もインターネット上で観ることができるので、ぜひ、この同期現象も「見学」していただきたい。

ゆらぎでゆらぎを抑える——建物の制振

海外で開かれる研究会などに参加するため、成田空港を使うことが度々ある。時々、スカイツリーがバスの車窓から見えるかどうか首をのばしたりする。一度、帰国時の夕方、空港から東京に向かう電車から、やや霧につつまれたその姿があらわれてきた時などは、「日本人はまったくすごいなあ」と思うと同時に、怪獣ゴジラの映画で使われるテーマ曲、「♪ドシラ、ドシラ、ドシラソラシドシラ……」が自然と頭に浮かんだ。

子供のころから親しんだこの映画シリーズでは、ゴジラが時代を象徴する建築物を破壊するシーンがよく登場した。ゴジラに壊されると繁盛するというジンクスもあるとかないとかで、横浜のランドマークタワーは竣工前であったが、破壊されるシーンに使われることを了解したらしい。スカイツリーがランドマークタワーのように、ゴジラに壊されるシーンが将来あるかどうかは定かではないが、この両者は共にゆらぎを使って、地震や強風によるゆらぎを抑えるという機構を採用している。

日本の塔の歴史をさかのぼると、かつては五重塔という伝統的な建築が代表的だった【写真1

From Wikipedia:Photograph taken by Michael Reeve, 28 March 2004. Source URL http://en.wikipedia.org/wiki/Image:Toji-temple-kyoto.jpg

From Wikipedia: Source URL http://commons.wikimedia.org/wiki/File:Tokyo_Sky_Tree_2012.JPG

From Wikipedia: Source URL http://commons.wikimedia.org/wiki/File:Yokohama_Landmark_Tower_201409.JPG

【写真1－9】左から五重塔（東寺）、東京スカイツリー、横浜ランドマークタワー

－9】。この五重塔には心柱《しんばしら》という1本の柱が塔の中央を通っている。五重塔とこの心柱については、（『五重塔はなぜ倒れないか』上田篤編、新潮選書）に詳しく、また大変興味深い事実が多く書かれている。全国に現存するだけで500を超える五重塔、三重塔などの木塔においては、台風による倒壊はあっても、阪神淡路、東日本大震災を含めて、地震による倒壊の記録は歴史上ないか、あっても2件程度という。この心柱を強固な中心として余程しっかり建てられているのだろうと一見考えられる。

　しかし、この心柱は現代建築の2階建、3階建の木造の建築許可に必要な、いわゆる「通し柱」とは違う。五重塔の各「重」は心柱とは強固に固定されておらず、ちょうどお椀を5つ重ねて、その中心に心柱が閂《かんぬき》のように緩くつながれて建てられているというのである。しかも、この心柱には、基礎に固定されたもの、日光東照宮の五重塔のように上層の重から鎖で吊るされ基礎から浮いていて振り子のように揺らぐようにできているものなど種類があり、耐震におけるその役割や、理論的な理由は明らかではなく様々に議論されている。

一方、634メートルの日本一高い建築物であるスカイツリーは、この心柱（階段室）とその周囲の接続は地上125メートルまでにおいては固定されており、それより高い部分は375メートルまでオイルダンパーなどで周囲とつながれた可動部として、地震などの際に心柱が柔軟に動けるようになっている【写真1－9】。地震などで建物が揺れた際、その揺れとタイミングがずれて揺れる重量物を加えることで、全体の揺れを相殺する制振という仕組がある。スカイツリーは心柱をこの付加重量に用いた初めての近代建築であるという。

高さ約296メートルの横浜ランドマークタワーは、2014年にあべのハルカスにその座をあけわたすまで、日本一高い高層ビルであった【写真1－9】。こちらではビルの最上部にある機械室のなかに、重さ170トンの振り子が2基搭載されている。この制振システムはアクティブタイプと呼ばれ、完全に自然に任せた振り子の動きではなく、コンピュータ制御が施されている。これにより、地震や強風によるゆらぎを約70％抑えることができると言われている。

地震の多い日本においては、耐震性については柔軟さと堅牢さのどちらがより優れているかの「柔剛」議論が建築の専門家の間で重ねられてきている。前記の2つの高層建築では、「柔」の要素がゆらぎという形で積極的に取り入れられている。これまでの例では共振や共鳴の内容について解説したが、共鳴においては小さなゆらぎが大きなゆらぎをもたらすのに、ここでは一転、ゆらぎがゆらぎを抑える制振の役割を担っている。

共振においても制振においても、単純化された物理数理モデルを考えるなら、重要なのは2つの揺らぐ対象物（建物と負荷された重量物）の特徴的なゆらぎの周期と、同期しているかどうかの程度（位相のずれの程度）である。

しかし、現実には様々な要素の調整によって、抑振制御を行っている。調整と一言でいえば簡単なようだが、それぞれの建築物には独自の構造があり、地盤など建てられている周囲の環境も異なる。高度によっては自然からの風力も違い、気球などを用いた観測実験や模擬地震や風力などへの反応を見るコンピュータ実験を組み合せて、細やかな設計を行っている。

筆者自身は建築技術には明るいものではないが、このような細心さと、五重塔やそれに学ぶ創意工夫などは真に日本の技術力そして現場力の高さの伝統を感じさせてくれる。こちらも最近はコンピュータ映像に席巻されているが、怪獣映画の特撮も日本の誇る創意工夫があちこちにちりばめられている。もし、スカイツリーが五重塔の創意工夫に学んでいると知ったら、ゴジラも破壊を一瞬ためらってくれるだろうか。

極小の世界もゆらいでいる――素粒子

最近の物理学での大きな発見といえば、2013年のヨーロッパにあるCERN《セルン》（欧州原子核研究機構）のヒッグス粒子の発見である。予測が難しいノーベル賞も、その発見後の同年10月には、この粒子の存在を提唱していたイギリスのピーター・ヒッグス名誉教授に来日の一致する中で、授与された。

巨大な施設を使った新粒子の発見のニュースは、ヒッグス粒子に限らず時折、新聞などでも取

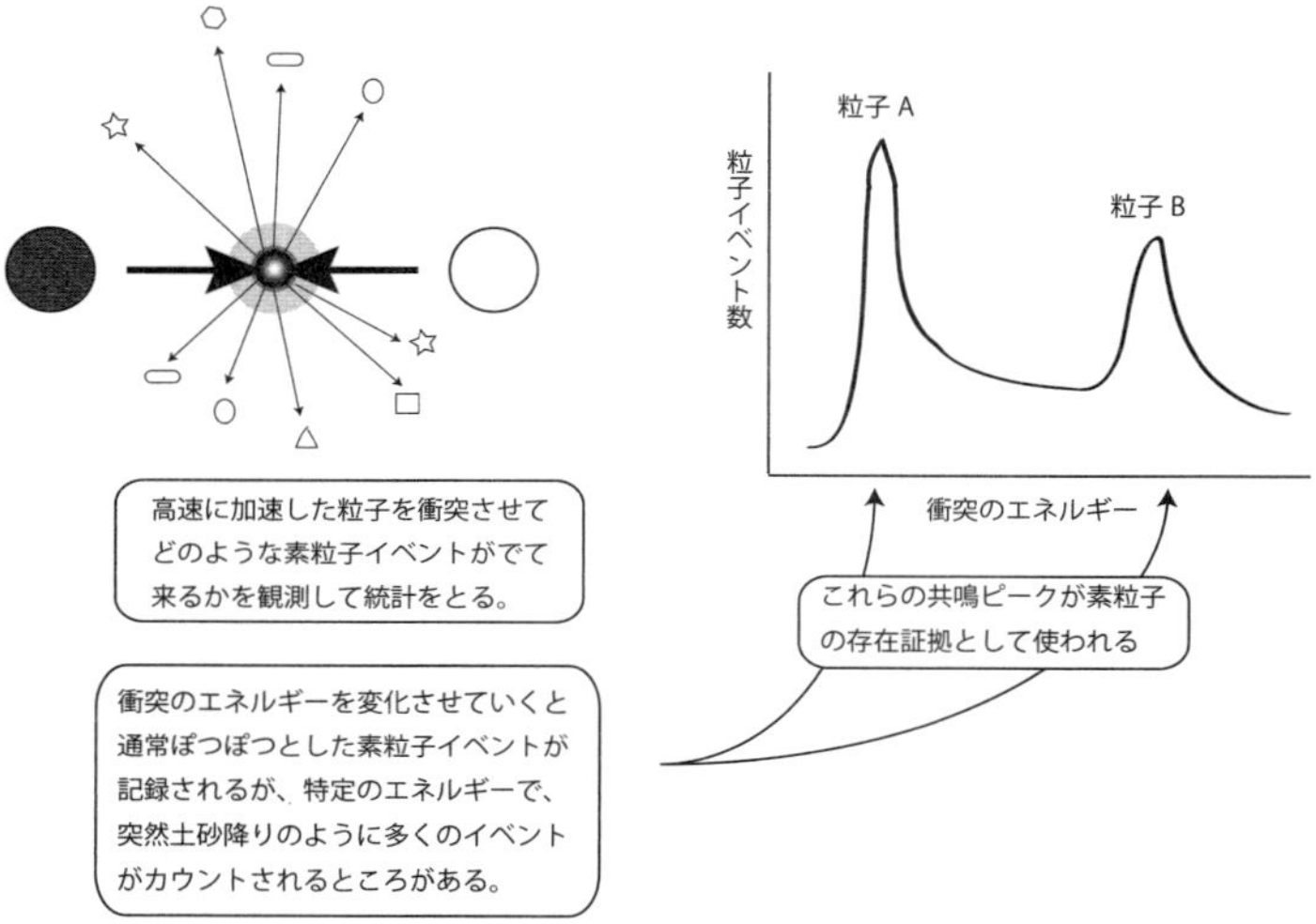

粒子A
粒子B
粒子イベント数
衝突のエネルギー
高速に加速した粒子を衝突させてどのような素粒子イベントがでて来るかを観測して統計をとる。
これらの共鳴ピークが素粒子の存在証拠として使われる
衝突のエネルギーを変化させていくと通常ぽつぽつとした素粒子イベントが記録されるが、特定のエネルギーで、突然土砂降りのように多くのイベントがカウントされるところがある。

【図1－10】素粒子と共鳴ピーク

り上げられる。新粒子が発見されるということは、実は、誰かが手のひらの上に「はい、これです」と見せてくれることでも、高い精度の顕微鏡で動きを見るということでもない。その意味では発見といっても、新しい彗星を望遠鏡で見つけたりするのとはだいぶ趣は異なる。

実は、「素粒子の発見」というのは、実験データにおける、新しい「共鳴ピーク」の発見ということになっている。技術的になるので感覚的な説明のみにとどめるが、【図1－10】にその趣旨を示した。

巨大な加速装置を使って、陽子などの既に知られている「材料」粒子を加速させたビームを作り、これを同じ、もしくは他のターゲットと衝突させる。この時の加速による「材料」粒子のエネルギーを変化させる。すると、あるエネルギーのところで、衝突に伴う様々な粒子への分解過程において、着目するあるタイプのイベントの数がピークを持つ。この集中したイベントが新粒子の足跡になるのである。

衝突エネルギーを変化させることが、ちょうどラジオのチューニングのつまみを回すことに対応し、素粒子分解イベントのピークが放送の音が聞こえることと類似しているので、物理学者の間ではこれも共鳴ピークと呼ばれている。新しい共鳴ピークの発見が新粒子の存在を示唆するので、これが「新粒子の発見」とされる。

「発見」とは言うが、共鳴ピークというある意味で間接的な存在証拠を「新粒子」とするので、非常に精密で統計的な実験データの解析がなされる。ヒッグス粒子にしても、実験装置は2008年から稼働し、2011年の最初の発見の可能性のニュースから、「ほぼヒッグス粒子と見て間違いない」とする2013年の「発見確定」の発表までには、数年間の多くの物理学者による慎重な検証の時間が費やされた。

ゆらぎと密接な関係をもつ「共鳴現象」が、物理学の素粒子の存在と結びついているのは興味深いが、ゆらぎ自身が素粒子の本質であるとする理論もある。そもそも素粒子という呼称からして、これらは極小の粒であるかのような印象をうけるが、そうであるという確証はない。

みなさんも「スーパーストリング」とか「超弦理論」という、現在において物理学の究極の基本的な理論と目されているその名前を聞いたことがあるかもしれない。素粒子が粒ではなくて、紐（弦）のようなもので、その様々な振動の違いが、違う種類の素粒子に対応するというのが、「弦理論」の基本的な考え方である【図1－11】。ちょうどギターの弦の押さえ方の違いによる、

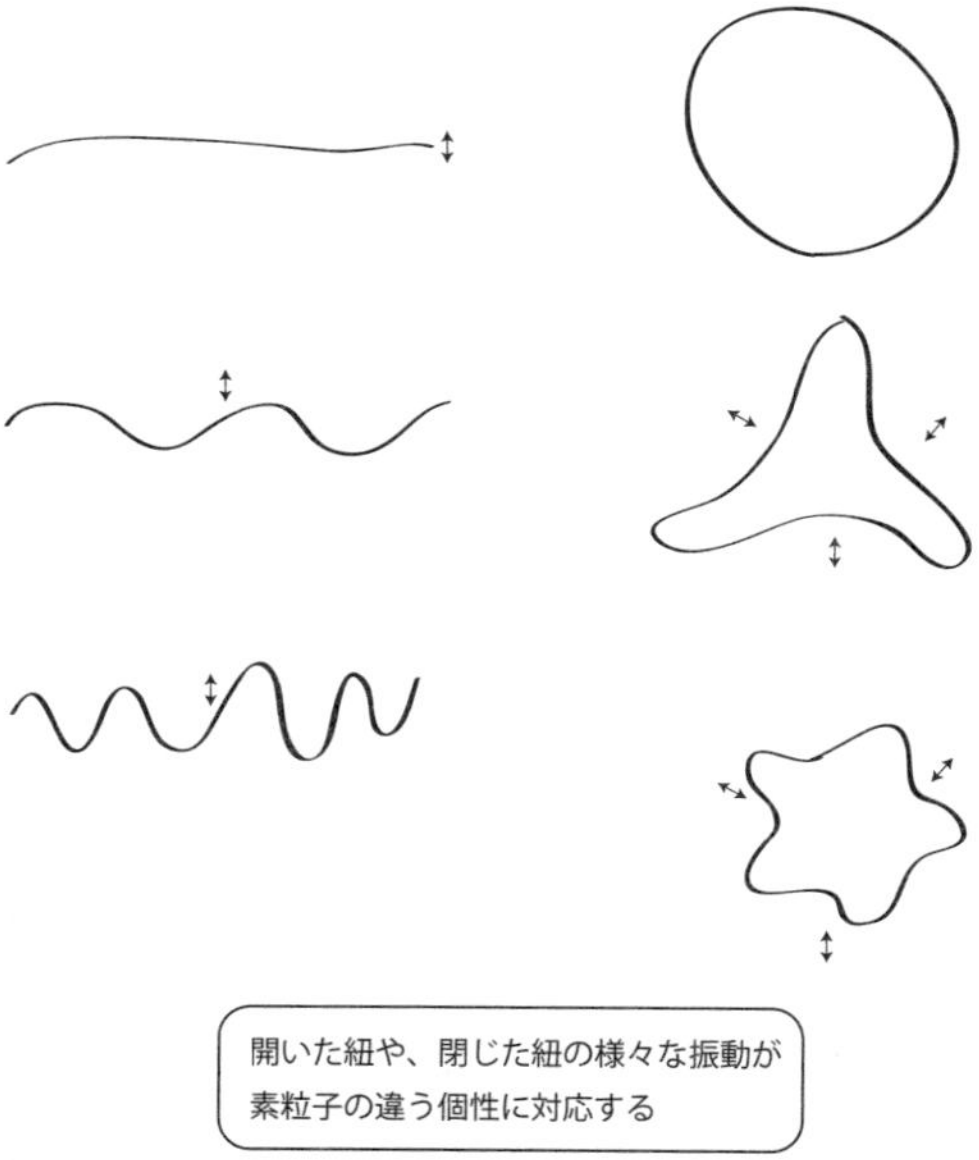
開いた紐や、閉じた紐の様々な振動が
素粒子の違う個性に対応する

【図１－11】素粒子の「ひも」理論

様々なゆらぎや振動の違いからくる音色が、素粒子の多様性になっているというのである。なんという発想であろうか。

素粒子は粒ではなくて「紐のゆらぎ」というこの画期的な概念を提唱したのが、シカゴ大学の南部陽一郎名誉教授である。暗黙のうちにほとんどの科学者が常識と思っていることをあえて打破して、科学を大きく前進させることは本当に優れた科学者にしかできない。南部教授は、前記のヒッグス粒子につながる自発的対称性の破れで２００８年にノーベル賞を受賞されたが、他にもこの弦理論の提唱など、現代物理学への多大な貢献をされた屈指の物理学者である。

筆者は大学院生としてシカゴ大学に在籍し、南部先生には、指導教授のご紹介や博士論文の審査などでお世話いただいた。気さくなお人柄であったが、物理の質問などをさせていただきにオフィスにお邪魔したのは、畏れ多くて5年間の在籍中で数えるほどしかなかった。

南部先生は、物理学研究科全体の中でも大変な敬意を集めていて、インド出身のチャンドラセカール教授と並んで当時のシカゴ物理の圧倒的な知性であられた。お茶の時間などで、お二人が楽しそうに話されていると、大学院生はもとより、他のノーベル賞学者を含む錚々たる教授たちでさえ、近寄れないようなオーラがあった。アジアの伝統的な知的エリートの素晴らしさは相当なものであると痛感した。また、アメリカはそのような物静かな先生方をさりげなく集めている国でもある。

私事になるが、長男がシカゴ大学病院で生まれた時には、南部先生からお祝いのベビー服が突然届き夫婦で感激した。直弟子でもない一介の大学院生に、このようなことまでしてくださるお人柄でもある。

〈まとめ〉

この章では、ゆらぎについて、規則正しい動きを持つ単振動を基盤としながら紹介した。また、共鳴現象を通じてラジオや電子レンジという身の回りの機器から、素粒子の研究の極小の世界に至るまで、やや規則的なゆらぎやその活用が、無視のできない形で存在していることを感じていただければ幸いである。

次章では不規則なゆらぎとして、ノイズについての考察をしていく。こちらも身近な話題と結びつけながら紹介をしていきたい。

第2章　ノイズ

不規則で速いゆらぎ——ノイズ

ここでは同じゆらぎでも、より不規則な「ノイズ」について考える。こちらは、序章で述べたように、対象とするシステムの中で、不規則で、かつ速いような動きの部分を指すために使われることが多い。往々にして邪魔な存在として扱われるが、必ずしもそうではない側面もあることも紹介していく。

コイン投げとノイズ

ノイズを数学的に考えるときに基本となるのは、表と裏が出る確からしさが等しいコイン投げである。つまり、コイン投げで表または裏が出る確率は1／2であるが、ここであるゲームをする。0から始めて表が出たらプラス1点、裏が出たらマイナス1点を加算して、これを何回も繰り返す。実際にこの実験をコンピュータで行ったものが【図2－1】に示してある。この図では

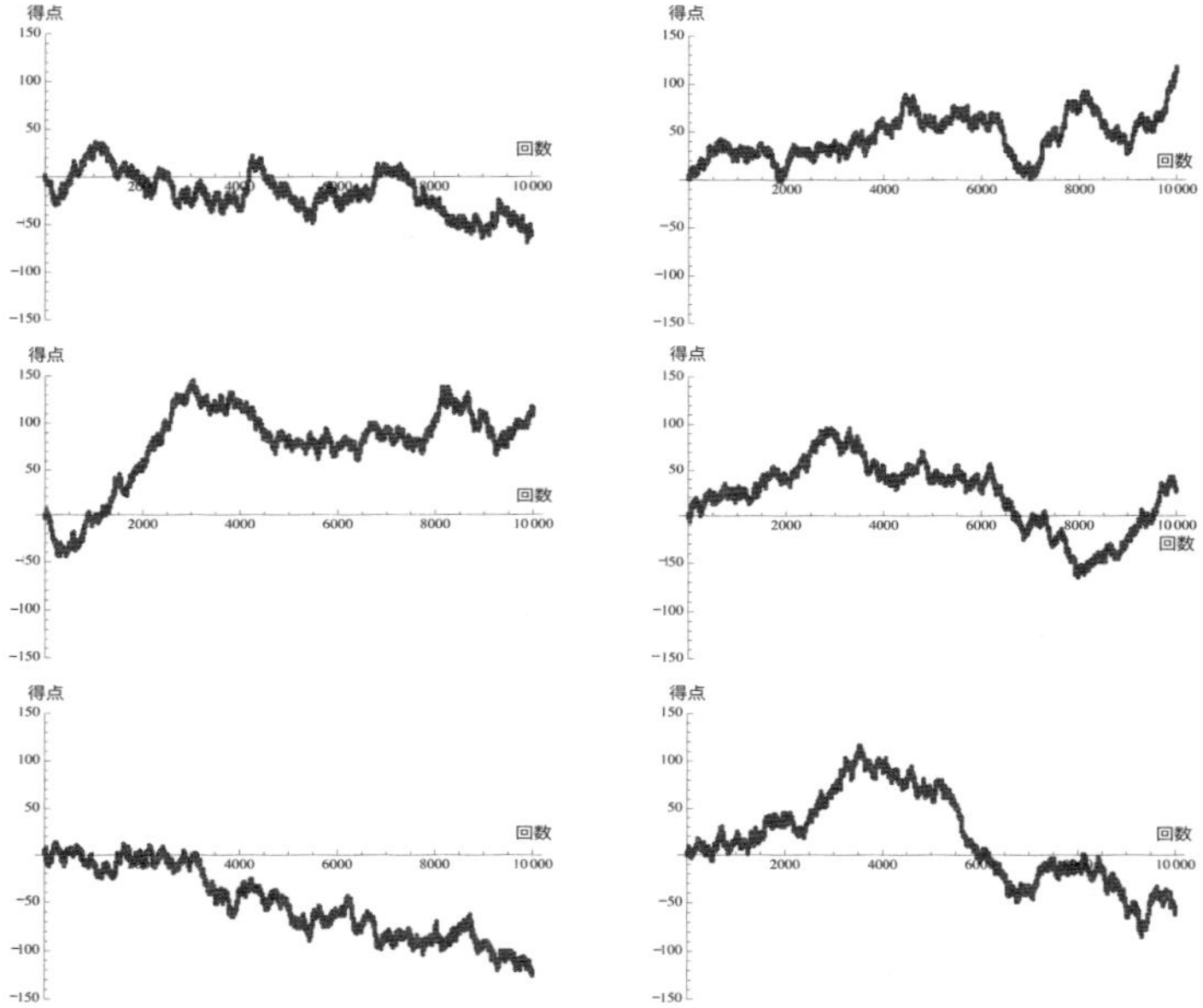

【図２－１】１万回のコイン投げを６回行った結果

横軸がコイン投げの繰り返しの回数で、縦軸が得点である。

1万回コイン投げをすることを1つのゲームとして、これを6回行った結果である。

図を見ていただくと、ギザギザとした動きが、まさに我々のいうところのノイズを連想させる。この感じをさらにもう少し深めてもらうために、きれいな信号として、規則的なゆらぎである単振動の信号を取り上げて、これにこのギザギザとした動きを加えてみよう。ただし、きれいな信号の振幅も周期も、このギザギザのゲームの得点の軌跡よりも相対的に「大きい」とする。すると【図2－2】のようになる。こんな状況を、「信号にノイズが乗っている」

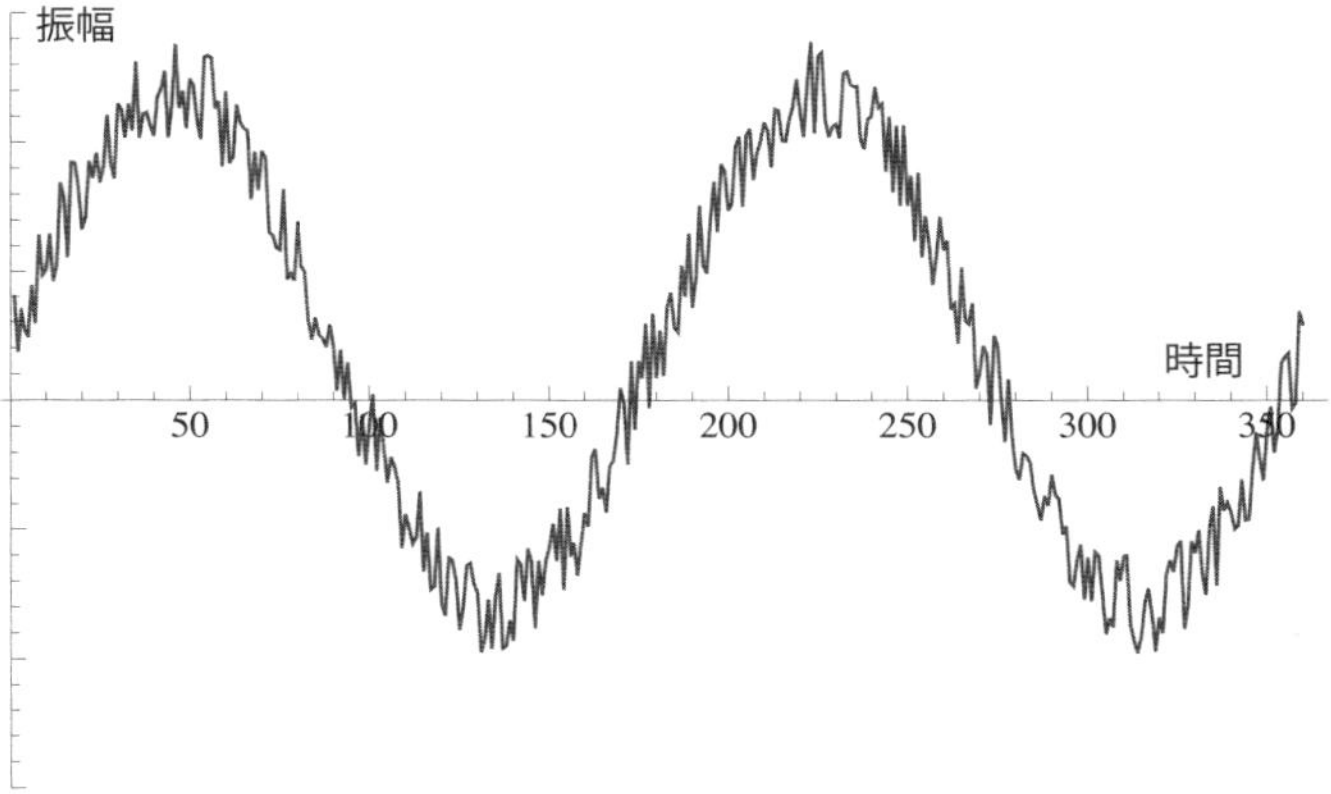

【図２－２】ノイズの乗った振動信号

と形容される。多くの信号処理の現場では、いかにこのようなノイズを除去するかに力が注がれている。

さて、この例からも、コイン投げゲームの得点と、我々の持つノイズのイメージとは近いものがあることが感じてもらえたかと思う。実際、数理の世界では、この得点の動きを「ランダム・ウォーク」と呼ぶ。日本語では「酔歩」で、ちょうど酔っぱらいが右に左にウロウロと動く様子を連想させる【図２－３】。ランダム・ウォークは、ノイズを扱う数理ではファイナンスの分野など、様々な応用のための基礎となるもので重要である。プラスかマイナスの個々の１歩は単にコイン投げの表裏の結果であり、それらの単純な積み重ねに過ぎないが、いくつかの興味深い意外な性質も持っている。これらについては後に述べよう。

頻度と分布

まずノイズの性質を特徴づけるような概念である

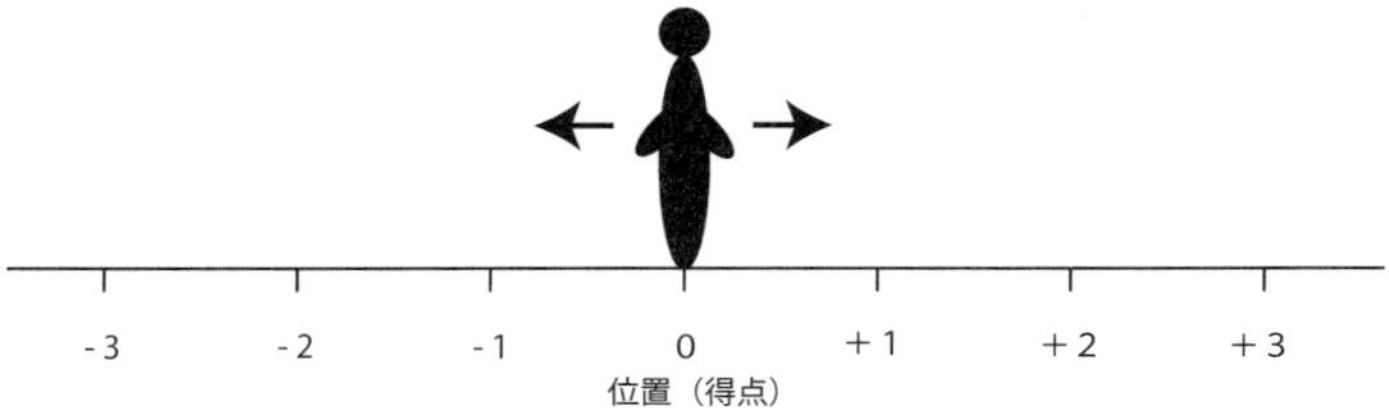

【図２－３】ランダム・ウォークの概念図

「頻度」、そして「分布」について説明するため、コイン投げゲームを考える。16回のコイン投げを1ゲームとすると、ゲームが終わった時の得点が1つ決まる。さらに、1回毎にリセットして、ゼロ得点から始まるこのゲームを数多く繰り返して、その最終得点を記録していく。最終得点の数字が同じになることもあるので、その数字が何回現れるかを数えてまとめてみる。コンピュータを使って、１０００回繰り返した結果が【図２－４】にまとめてある。下段はこの表をグラフにしたものである。

この表とグラフを見てもらうと、得点のゼロを中心としてだいたい左右対称になっている。また、奇数の得点になることはないが、これは16回という偶数回の結果では奇数の位置でゲームが終わることはないからである。また、可能な最高得点と最低得点はそれぞれプラス16点、マイナス16点であるが、この実験ではプラス12点からマイナス14点の範囲に収まった。

さらに今度は1回のゲームを64回のコイン投げとして、10万回のゲームの試行をして、同様の結果をグラフにすると、より明確に左右対称の裾の開いた釣鐘の形が現れる（【図２－５】）。各得点がどれだけの回数現れるかを頻度や度数と呼び、このようなグラフを頻度分布、も

得点	-16	-14	-12	-10	- 8	- 6	- 4	- 2	0	2	4	6	8	10	12	14	16
頻度	0	1	3	8	22	53	112	175	215	183	120	70	28	9	1	0	0

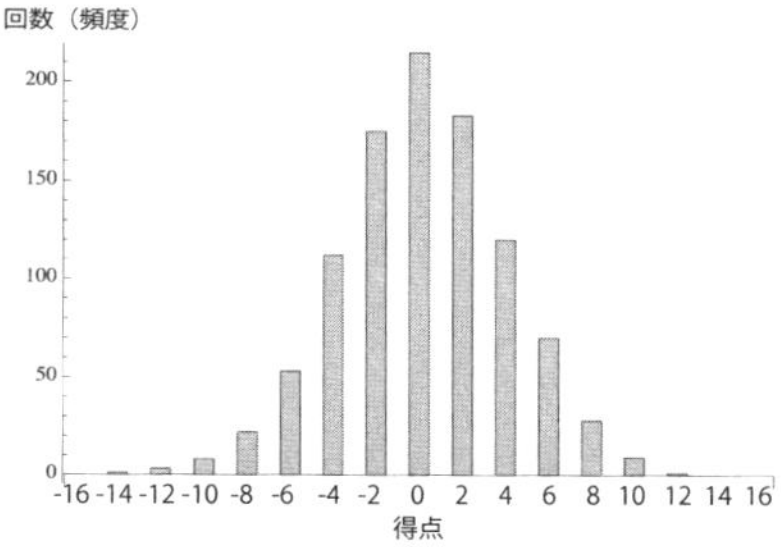

【図２－４】16 回のコイン投げが１ゲーム。最終得点をまとめてみた（上）。コンピュータを使って 1000 回繰り返した結果。下はそれをグラフにしたもの。

しくは度数分布という。英語では「ヒストグラム」という言い方をされ、この呼び方もよく使われる。

新聞などで人口の年齢別の分布図を見たことがあるかと思うが、あれも度数分布の例である。更に、縦軸を実際の回数ではなく、全体の中の割合として考えれば、これは統計による確率の考え方になり、確率分布とも呼ぶ。ある年齢別の分布図を持つ集団から、無作為に１人を選んだ時に、その人が30歳である確率は、30歳の度数を集団全体の数で割ったものとして計算ができる。

【図２－５】に示されたのと同様の、釣鐘型の確率分布のことを「正規分布」または「ガウス分布」と呼んだりする。この分布はランダム・ウォークに限らず、独立した確率事象の変数値の和や平均などにも普遍的に現れて（中心極限定理というが）、少なくとも理論的にはもっとも

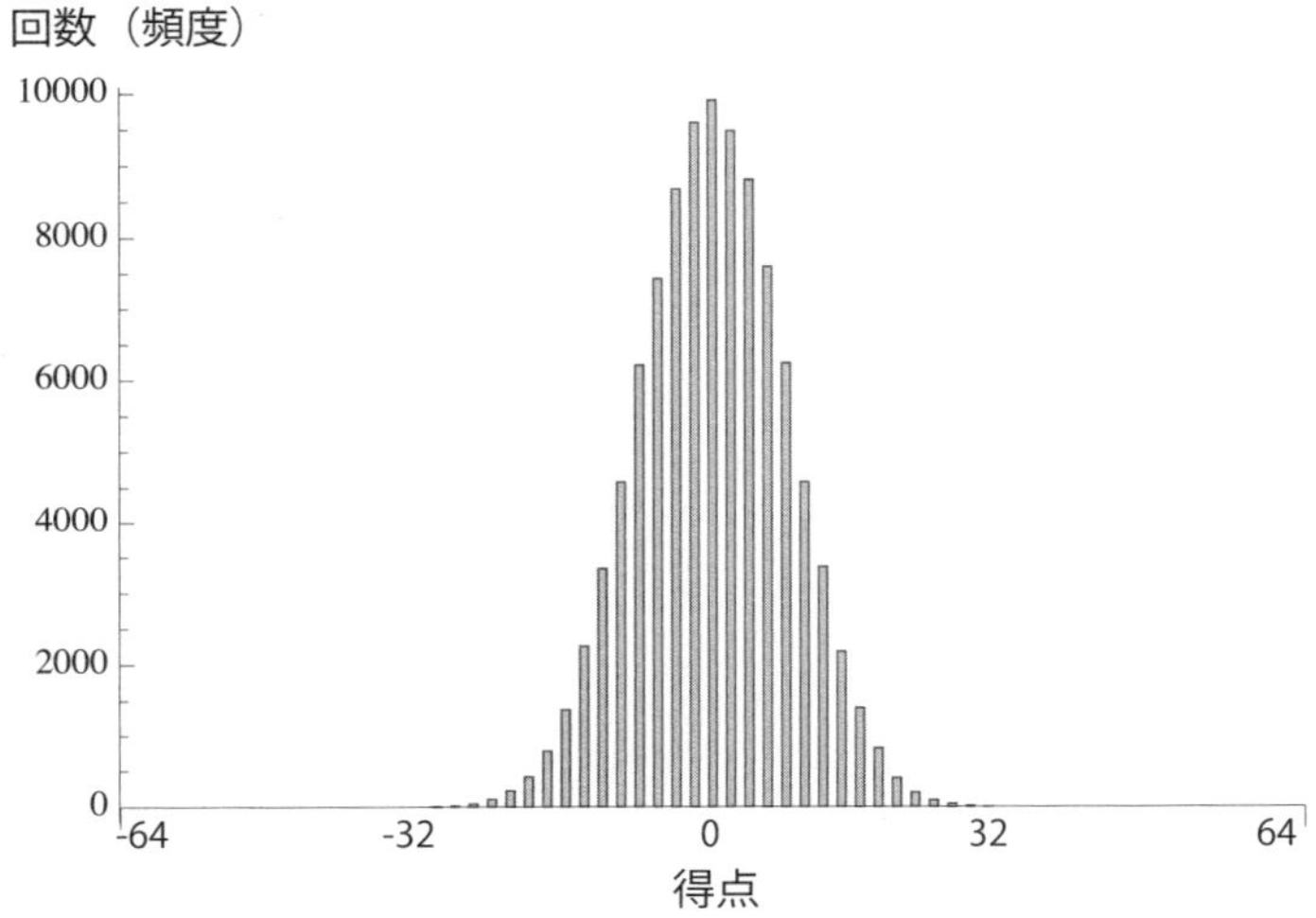

【図２－５】64回のコイン投げを１ゲームとして、10万回繰り返した結果

重要な確率分布と考えられている。

そして、この正規分布に従う対称なランダム・ウォークは、我々の持つノイズの感覚を代表する数理的な表現である。

ブラウン運動

より物理的なノイズの代表としては「ブラウン運動」という現象もある。これは、この現象を研究したイギリスの植物学者ロバート・ブラウンの名前を冠した運動である。顕微鏡の下で観測された花粉のジグザグした動きというとらえられかたが一般的であるが、この現象は数学だけでなく、分子の存在の確証となり物理学、化学などの現代科学の重要な基礎となっている。

ブラウンは植物学者であるので、この現象の研究はもともと生物、生命現象としての関心から取り組まれた。当時の仮説の１つとし

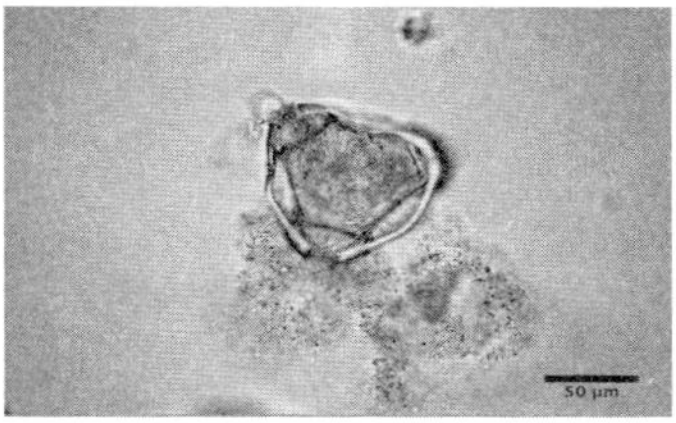

花粉が破れて微粒子が
流れ出している写真

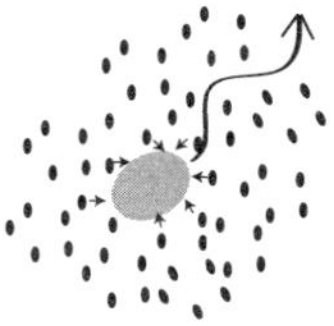

花粉内微粒子が周囲の水分子から
多くの衝突を受けながらブラウン
運動をする概念図

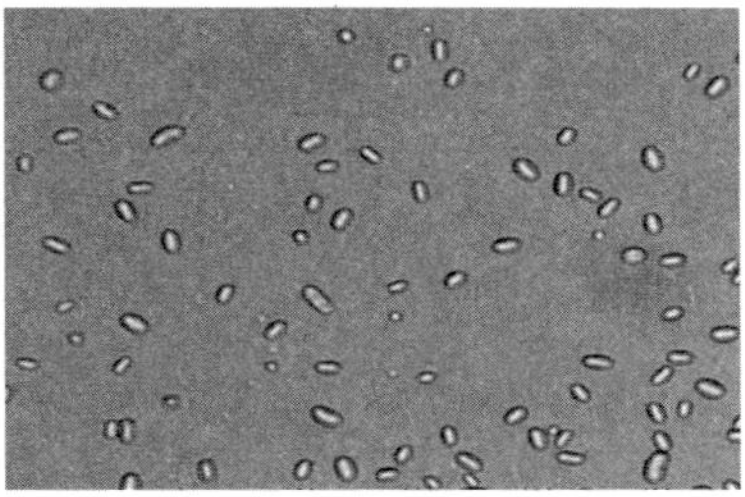

花粉内微粒子の拡大写真

【図２－６】ブラウン運動。写真はハミルトン大学物理学科の Web サイトから許可を得て転載

て、生物は基本的な「生物粒子」の組み合せで構成されていると提唱されていた。ブラウンは自分の見つけたある植物の花粉から流れ出ている微粒子が、この生物粒子に相当するのではないかと考えたのである。

ここで注意が必要なのは、よく記述されているのと異なり、花粉自身がジグザグと動いているのではなく、花粉から流れ出たさらに小さい微粒子の運動が実際には観測されていたのである【図２－６】。

ブラウン自身も最初は生物粒子の仮説を信じていたようであるが、同じような大きさの他の非生物的な微粒子でも、同様の運動が見られるかどうかの実験を行なった。スフィンクスからとって来た石粉などでも試したところ、やはりこの運動が見られるということで、生物現象ではなく、理由がわからないが興味深い現象であるという結論を出したのである。

この研究は、ブラウンの想像を超えて、先に述べたように科学全般に広がりを持つこととなった。大きな展開は、実は相対論で高名なアインシュタインによって1900年代初頭にもたらされた。

アインシュタインは、このブラウン運動は微粒子に対して水の分子が様々な方向から衝突をしているために起きていることを見抜いた。そして、ボルツマンが開拓していた分子熱力学の理論と組み合せることで、物質が分子や原子などから構成されていることを実証する実験の可能性を提案したのである。

この理論に基づいて実験が行なわれた結果、化学の基本的な定数であり、ある決められた物質量に含まれる原子や分子の数であるアボガドロ定数が確定したのである。この確定の実験を行なったフランスのペランも、その業績によりノーベル賞を受賞している。

対応する数学的な表現としてのブラウン運動の理論も、少し遅れて1920年代から整えられる。厳密ではないが、数理的には前記のランダム・ウォークの時間の刻み幅を連続に見なせるほど非常に短くとり、それぞれの一歩の長さもバラバラで独立に確率的に正規分布に従った歩幅にした表現を用いる。この研究はノーバート・ウィーナーという数学者によって研究されたので、ブラウン運動の数理モデルはウィーナー過程とも呼ばれる。

このブラウン運動をコンピュータで模倣してみたが（【図2－7】）、様相としては後述する2次

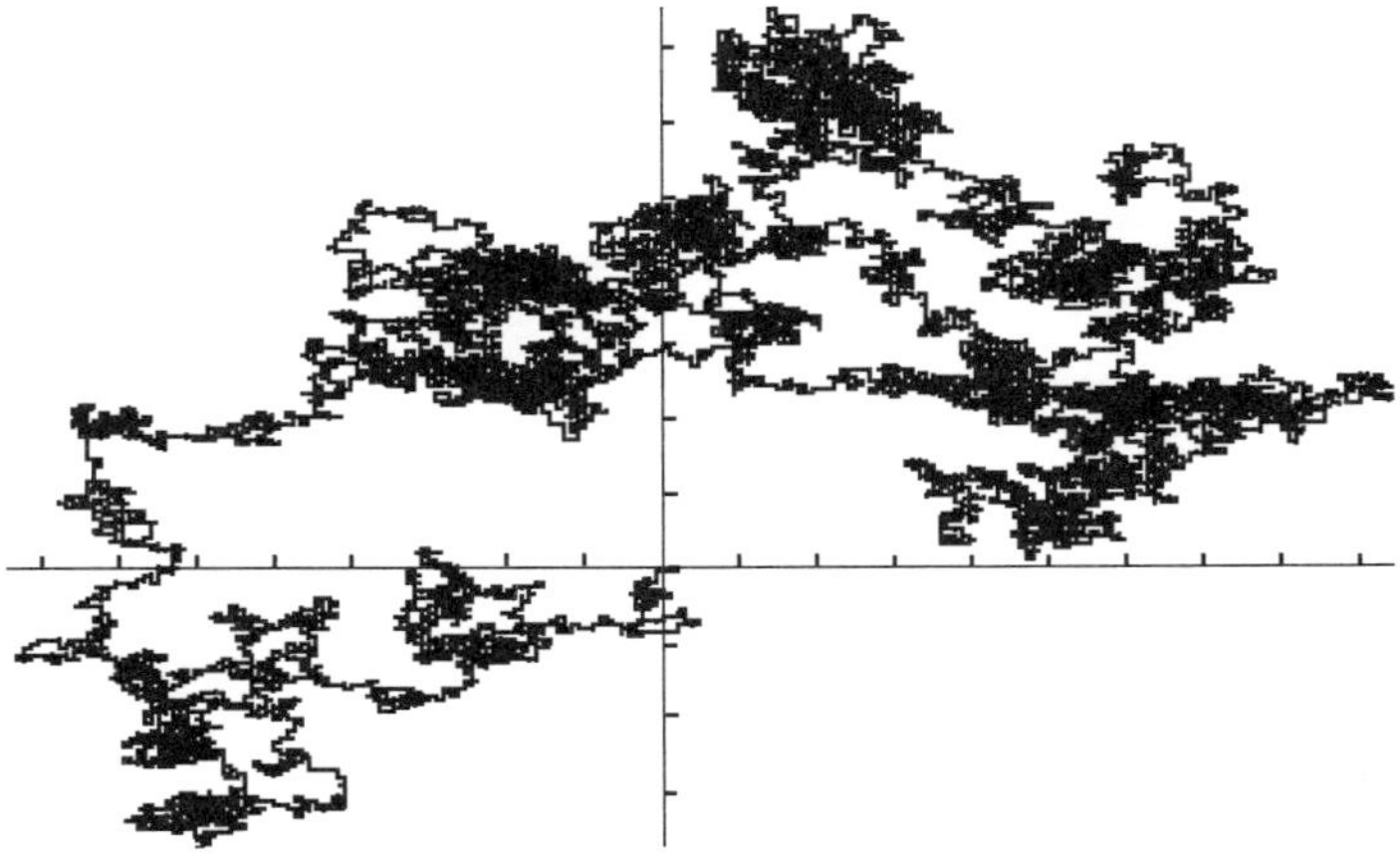

【図2－7】コンピュータによるブラウン運動の模倣

元ランダム・ウォークとほぼ同等で、ここに述べた花粉のジグザグとした動きや、為替や株価の大小の変化の入り交じった動きなどを感覚的には表現している。実際、ブラウン運動の数理は数理ファイナンス工学などの理論では基本的な役割を果たしている。

ブラウン運動やその実験の歴史的な背景や再現については、筆者の母校であるアメリカのハミルトン・カレッジのフィリップ・パール物理学名誉教授による丁寧な解説がある。ウェブサイトには動画もあるが、破けた花粉の袋から微粒子が流れ出るところ、そして、それらが、確かに生物であるとも見えるようなブラウン運動をしているところが、見事にとらえられている。ぜひ「見学」してもらいたい。

確率共鳴

規則的なゆらぎがもたらす共鳴については振り子の例などを用いてすでに述べたが、ここでは、より不規則なゆらぎである、ノイズによる共鳴を紹介する。

既に述べたように、一般的にはノイズは有害であって、邪魔者である。携帯電話にせよ、自動車にせよ、現実に役立つシステムにおいてはさまざまなノイズをいかに抑えるかということはかなり重要な課題となる。実際、電話の音声品質も格段にあがり、自動車の乗り心地もスムーズになるなど、我々が日頃当たり前のように享受していることも、多くの数理、物理や工学的なノイズを抑えこむ努力が積み重ねられてきた結果である。

しかし、規則的なゆらぎが、共鳴現象を通じて、すでに述べた電子レンジのような有用な機器の発明につながったように、意外性はあるが、ノイズにも共鳴に似たような現象を通じて、有益となる事象が存在する。

確率共鳴のメカニズム

人間には五感があるが、これらは我々が生きていくために周囲の情報を収集する機能を持ついわばセンサーである。無論、我々だけでなく様々な生物が、それぞれの環境に合わせて工夫されたセンサーを持っている。このような生物的なセンサーにおいては、通常作動できる信号の幅が決まっている。

特に、ある程度の強さの信号でなければ感知できない場合が一般的である。ある程度の大きさでなければ音は聞こえないし、匂いもしない。非常に弱い星の光であれば夜空の中で見つけることもできない。また、強さでなくても、音や電磁波などの信号は、規則的なゆらぎで述べた振動数に感知できる幅があることもある。紫外線や赤外線はどちらも我々の視覚では見ることのできない、周波数の高すぎたり低すぎたりする光である。あまりに高い、もしくは低いピッチの音、つまり周波数の大きすぎるか小さすぎる音も、我々の聴覚の動作範囲を超えていて聞くことができない。この「感知できる、感知できない」の境界の信号の値を「閾値《しきいち》」と呼ぶ。

この閾値と信号の関係の中に、適度な強さのノイズをあえて加えることで、感知性能を高める。これが「確率共鳴」と呼ぶ現象である。【図2-8】においてこれを説明しよう。

この図の4つのグラフにおいて直線は閾値で、信号がこの線を上に超えた時は感知ができると する。(A)では、信号の大きさがこの閾値にとどいていないので感知できない。小さすぎる音が聞こえない状況と考えていただいてよい。(B)では、この元の信号に雑音を加えた場合であるが、これは弱すぎるノイズであったので、やはり閾値のレベルに届かずに感知できない。一方、(D)では強すぎるノイズを付加したために、ノイズ自身が閾値の上に出てしまい、我々には、元の信号の存在は紛れて聞こえない。

しかし、もし適度な強さのノイズが加えられればどうなるだろう。それが(C)の場合である。この状況でもノイズの部分が閾値の上に出たり、出なかったりするのだが、その聞こえ方にそも

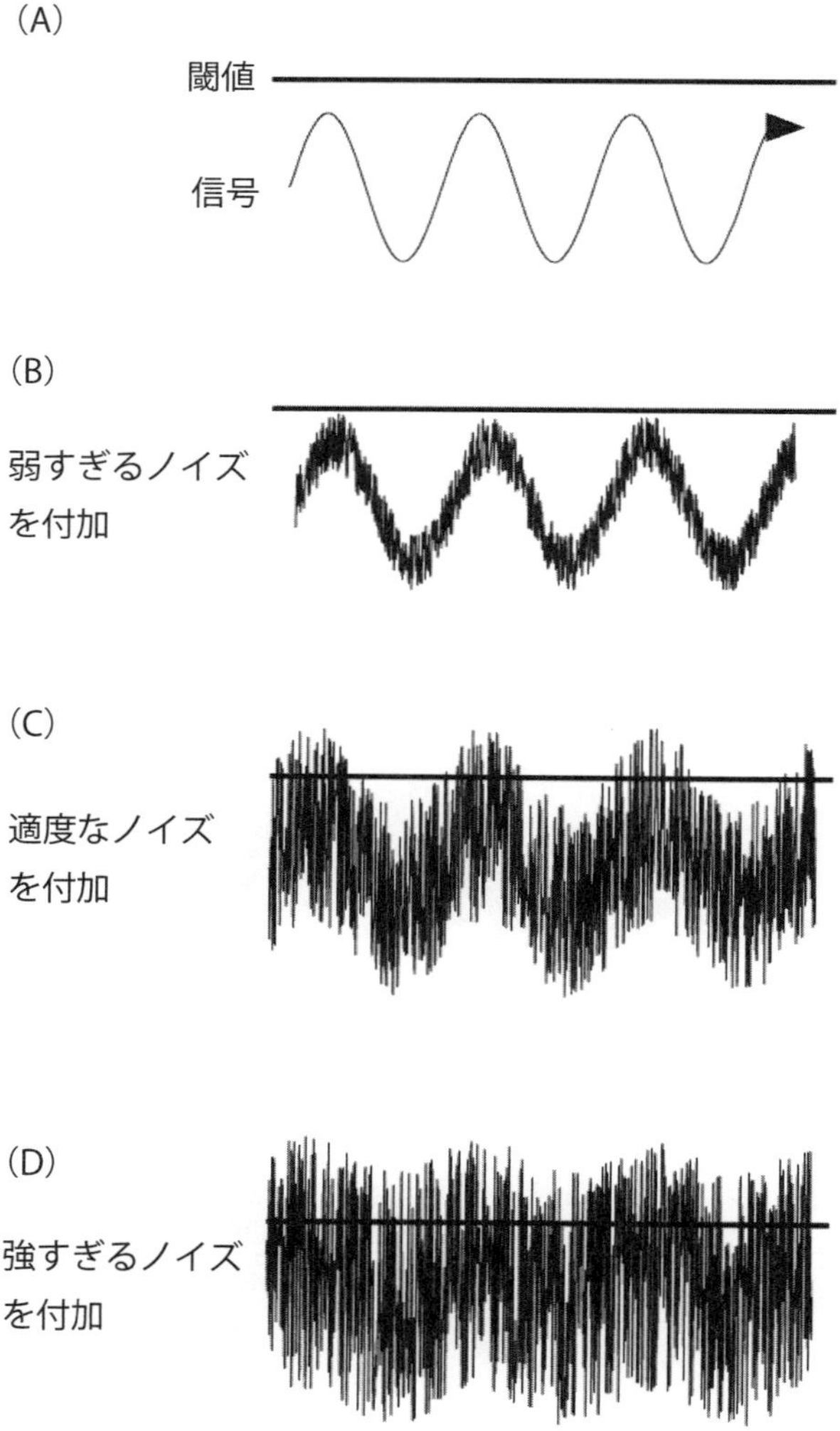

【図２－８】確率共鳴の概念図

その信号が持っていたリズムが「シュー、シュー、シュー」という感じで反映される。そして、もし望めば、微弱すぎて聞こえなかった信号が、だいたいどんな周波数の信号であったかを推測してやることもできる。

このように、加えたノイズの強さがちょうど良い所で、信号を取り出すことができるのは、ラジオなどでちょうど良い周波数にチューニングしてやることで信号検出ができるのと似ている。この共鳴との類似と、確率にも密接に絡むノイズを使っている現象であるということから、「確率共鳴」という名前が付けられた。

感覚的には、この確率共鳴は、ノイズを適度に使ってやることで、微弱な信号の検出などの良い効果を生み出すということである。強すぎても、弱すぎても良くない。適度なノイズによって炙り出しをおこなうようなイメージである。

確率共鳴はもともと地球の氷河期が10万年ほどの周期でやってくることのメカニズムの仮説として提唱されたものであり、最初から工学的な活用を念頭に置いたものではなかった。しかし、前記の生体センサーに限らず、脳の情報処理、半導体や結晶工学などにも活用が広がっている。

ヘラチョウザメの実験

鼻が長い動物の代表は象であるが、アメリカ、ミシシッピ川で鼻が長いといえば、今は数が激減してしまっているそうだが、ヘラチョウザメだという。名前にサメがついていて、確かに見てくれもサメの鼻の部分を引っ張って長く前につきだした顔つきで恐ろしげである。

しかし、サメの一種でもなければ、他の小さな魚を食べるでもない。水中に生息する小さなプランクトンを食べるらしい。長い鼻がどのような役割を果たしているかは必ずしも明確ではないが、微弱な電流が流れており、プランクトンの出す、微細な電気信号を捕捉するセンサーになっているようだ。

アメリカのセントルイスにあるミズーリ大学では、フランク・モス教授をリーダーとしてさまざまな確率共鳴の研究が展開されたが、その1つにこのヘラチョウザメを使った実験がある。水槽の中のヘラチョウザメによるプランクトンの捕食の様子を映像で記録して、それを解析する。これにより、鼻の先を中心としての垂直な平面上、どれくらいの広さの捕食をするかを測定する。さらに、人工的に水槽の中に様々な強さの電気ノイズを加え、捕食の範囲がどのように変化するかを調べた【図2-9】。

結果としては、電気ノイズがない場合と、強すぎるノイズがある場合の間の、適度なノイズを付加した状況で、ヘラチョウザメが捕食できる範囲が最大限となったということである。ほど良い電気ノイズを加えることで、より微弱なプランクトンの電気信号を「鼻センサー」が感知することができ、センサーの向いている周囲の、より広い範囲の捕食を可能にしたと解釈が出来る。

この実験は生体のセンサーによる確率共鳴の代表例として知られている。ノイズはまったくの邪魔者、厄介者ではなく、適度な付加や存在が、生体の機能に有効になり得るという可能性を示唆している。

物理的なセンサーではないが、適度に周囲がざわついているカフェの方が、静かな図書館より

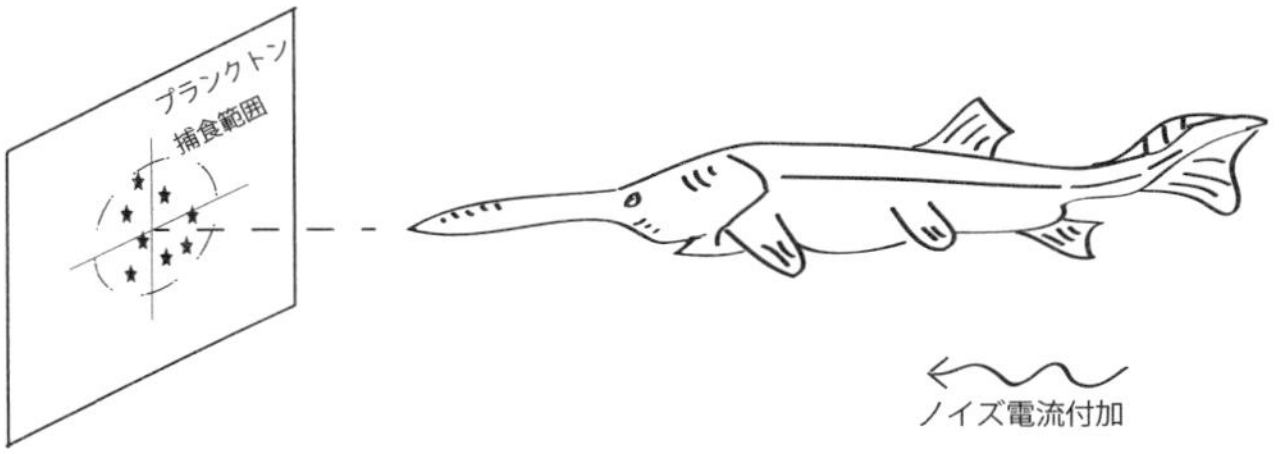

【図２－９】ヘラチョウザメのいる水槽の中にノイズ電流を付加して、プランクトンの捕食範囲が広がるかどうか調べる実験

も逆に集中できて仕事がはかどるということもある。筆者もどちらかというとそのタイプだ。実際、この本の原稿も東京都内のあちらこちらのデパートのオープンスペースやカフェなどで書くことが多かった。物理的なシステムに限らず、意識とか心理とかの分野にも確率共鳴の可能性はあるかもしれない。

ネットワークの渋滞

最近はあまり感じることが少なくなったが、少し前までは会社の中でのメールがすぐに届かないというようなことがよくあった。特に、誰かが動画のデータ等をネットで流していると、このようなことがよく起きた。ネットワークの上で流せるデータの容量は技術の進展により有線、無線ともに大きく拡大されている。流れが悪くなれば、パイプを太くすることで問題の解消を図ることは、自然でもあり、主要な方法でもある。

ここでは少し違った観点から混雑や渋滞の緩和が出来ないかということと、確率共鳴の活用を模索した筆者自身の研究の簡単な紹介をする。数理のモデルで、現実とはかけはなれているので、実用性は疑問だが、渋滞の現象の一部をとらえることが出来る。

【図2－10】にネットワーク渋滞モデルの模式図を示す。このネットワークの上をたくさんのメールが流れるとしよう。周りにある■印がメールを発信・受信できるパソコンで、中にある●印が中継の機器であるとしよう。それぞれのパソコンでは他のパソコンへの送付アドレスのついたメールを生成する。生成されたメールは配達先に向けて、順次中継器をリレーされながら最短経路で送られていく。

中継器には「バッファ」と呼ばれるメールを溜めておく列があり、受け取ったメールはその列の最後に並べられる。そして、順次、列の先頭にあるメールから同様に送り先への距離が最短になるような次の中継器に送られる。これを繰り返して、メールが無事に届け先のパソコンに辿り着いた時に、消滅する。

ここで鍵となるのは、メールの発生率とメールが届くまでの時間の関係である。たくさんのメールが短い時間に送信されれば、システムの処理が追いつかなくなり、メールが発信者から出されてから、受信者に届くまでの時間（到達時間）が長くなることが予想される。

ここでの数理モデルを用いて、この関係について調べてみよう。ある中継器から次に送る場合に、このネットワークの構造では、2つの候補がある場合が多い【図2－10】。このどちらかに送るときに、できるだけ混雑を避けたい。中継器の1つの判断としては、過去に自分が送った方向のメールの数を記録しておき、その数が少ない方の候補の中継器にメールを転送することができる。これによりバランスの良い中継ができることが期待される。

このようなメカニズムで、徐々にメールの発生率を上げて、メールの到達時間の平均を調べて

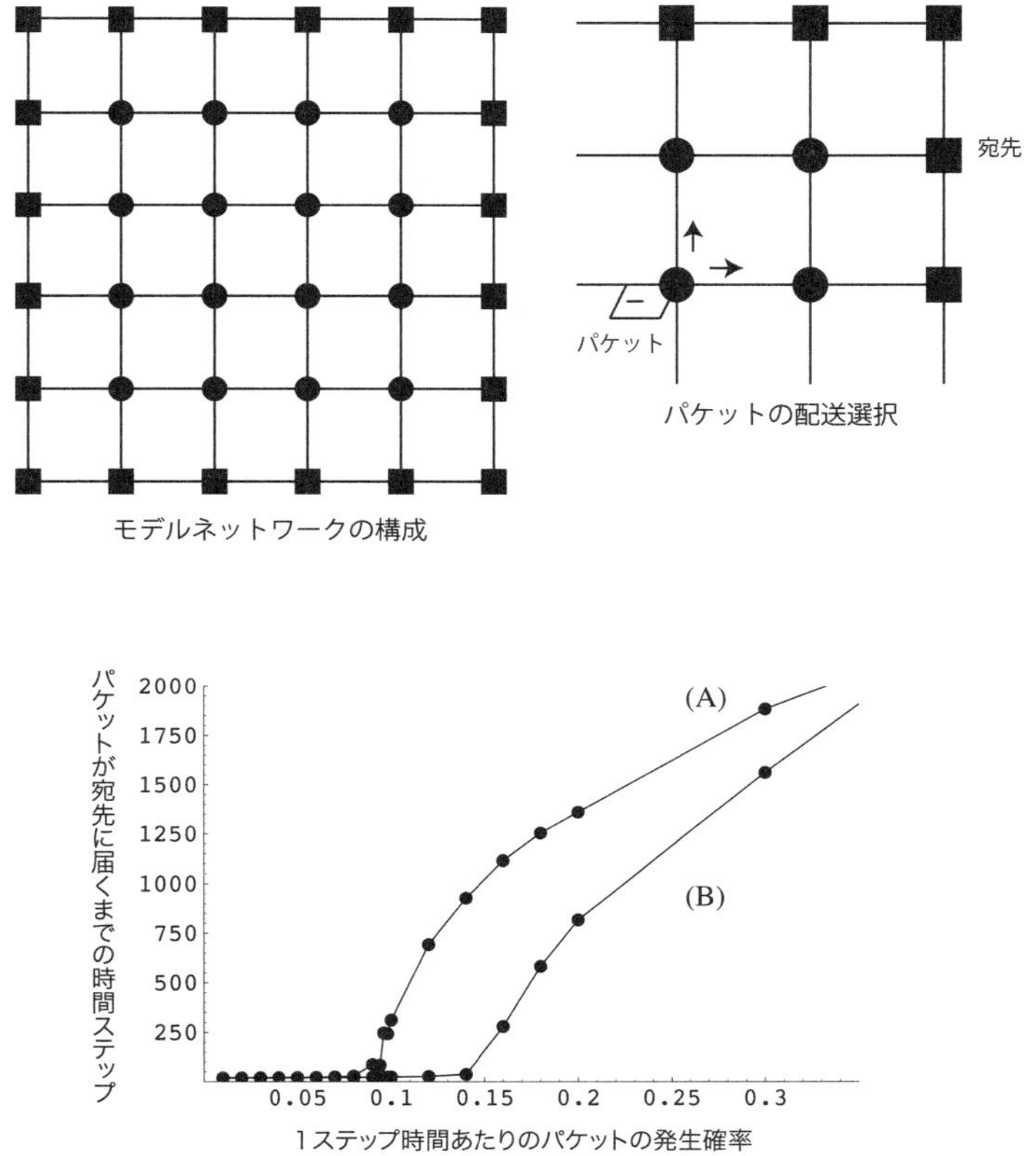

【図2－10】ネットワークの格子モデルとパケット（メール）配送の概念図

やる。すると、ある発生率の値を超えたところで、急に到達時間が長くなる。つまり、ネットワークシステムの飽和が起こり、混雑状態になる。

　このように滑らかな流れの非渋滞状況から、渋滞状況への変化が、あるパラメータ（この場合はメールの発生率）の値を境に起きていることになる。ちょうど摂氏零度で氷が水に溶けるような（もしくは水が氷に固まるような）様相である。このような変化を物理では「相転移」と呼ぶ。

現実の高速道路での自然渋滞や、インターネットでの渋滞においても、この非渋滞相から、渋滞相への相転移が起きていることが、観測によって確認されている（西成活裕『渋滞学』新潮選書）。実際のインターネットの構造は正方格子ではないし、バッファのあり方やメールやパケットの配送方法もより複雑である。しかし、このあまりにも単純化されたネットワークの数理モデルでも、渋滞状況への相転移が再現できていることには着目していただきたい。

さて、この渋滞の問題に確率共鳴を結びつけていく。ゆらぎやノイズを導入するのは中継地点の次の転送先の判断の部分である。前記では、より過去の転送数が少ない方を確実に選択していたのだが、この判断にノイズが入ったとして、時として逆の候補を選ぶこともあるとする。つまり、過去により多く送っていた転送先も適度に選ぶということである。

この適度なノイズでは【図2－10】下段のような状況が起きる。この図の横軸はメールの発生率で、右に行くほど大きい、縦軸はメールの到達時間で上に行くほど長い時間がかかる。図の中の2本のラインは転送先選択に前に述べたノイズが入らない場合（A）と、入った場合（B）である。

この図が示すのは適度なノイズの存在が、やや大きなメールの発生率にも耐えて、渋滞にならない状況を維持できるということである。このことは渋滞の発生ポイントがグラフで右にずれていることから読み取れる。発生率においてみれば、ノイズを入れたほうが、入れない場合より

1・4倍ほど（約40％）の増加まで渋滞にならずに耐えていることになる。

この渋滞緩和は回線を太くすることではなく、個々の中継地点が、自身の持つ情報のみで転送戦略を工夫することで全体としての効果を得ていることにも注目をしてほしい。中央制御室において全体を見ながら渋滞緩和制御を行っているのではない。このような制御を自律分散型の制御と呼ぶ。

また、この制御においても適度なノイズによって全体としての効果がもたらされているという視点からは、集団的な確率共鳴ととらえることができる。集団や組織の中で、個々が独自に勝手な行動をしながらも全体として調和のとれた活動を構成することはなかなか難しいが、適度なゆらぎやノイズの存在が支援するところもあるかもしれない。

なお、余談になるが、中央官庁の省庁の間では、気に食わない相手には新法案審議などの時に、「紙爆弾」と呼ばれる質問状ファックスを送りつける。これにより、わざと相手のファックスを専有したりして「渋滞」を起こして業務を滞らせるような、送りつけ合戦が繰り広げられていたという。筆者の知り合いの官僚からも新人の時に、そのファックス送信をさんざんやらされたとの話を聞いた。「エリート官僚と呼ばれる人たちが、こんな非生産的なことをして何なのだろう」と呆れたのを覚えている。そんな作業なら、お酒の一杯もやってノイズを入れて、少しサボることの方がまだ、円滑な霞が関行政にささやかな寄与をしたかもしれない。

集団追跡と逃避——ノイズでより早い事件解決

推理ドラマやアクション映画などでよく出てくる、散り散りになりながら逃げる多くの犯人たちと、これを追いかける刑事たちのチームという状況を思い浮かべていただきたい。ある集団が逃げて、これを別の集団が追いかけるので「集団追跡と逃避」の問題として、筆者の提案している研究課題でもある。

「追跡と逃避」の問題自体は、第4章でより委細を述べるが、歴史ある数学の問題である。一方、前節にも述べた渋滞の問題のように、昆虫、動物、自動車、人など自らが動く「粒子」の集団、いわゆる「自己駆動粒子」の集団や群れの研究が、近年盛んである。

「集団追跡と逃避」の問題は、この2つの研究の流れを融合して2010年に提案した。まだ萌芽的状況ではあるが、理論的な整備や3つの集団への拡張、集団ロボットへの応用などの研究や企画が国内外で徐々に進んでいる。

背景の説明が長くなったが、この「集団追跡と逃避」の問題でも、ノイズの導入が捕獲の完了を早める効果がある例が存在するので、これを簡単に紹介する。ここでも非常に単純化された数理モデルを用いる。まず、集団が動く「場」は、前節の碁盤の目のような正方格子であるが、これを上下と左右つなぎ合わせて、「ドーナツ」の表面の上であるとする。これは物理学では「周期境界条件」と呼ばれていて、地球のような球の表面と共によく使われる。集団の「鬼ごっこ」は、この「ドーナツ型惑星」の表面で、【図2-11】に示したようなルールに従って行う。

追う方も、逃げる方も動く速さが同じなので、1対1では捕まらないが、集団であれば、「挟

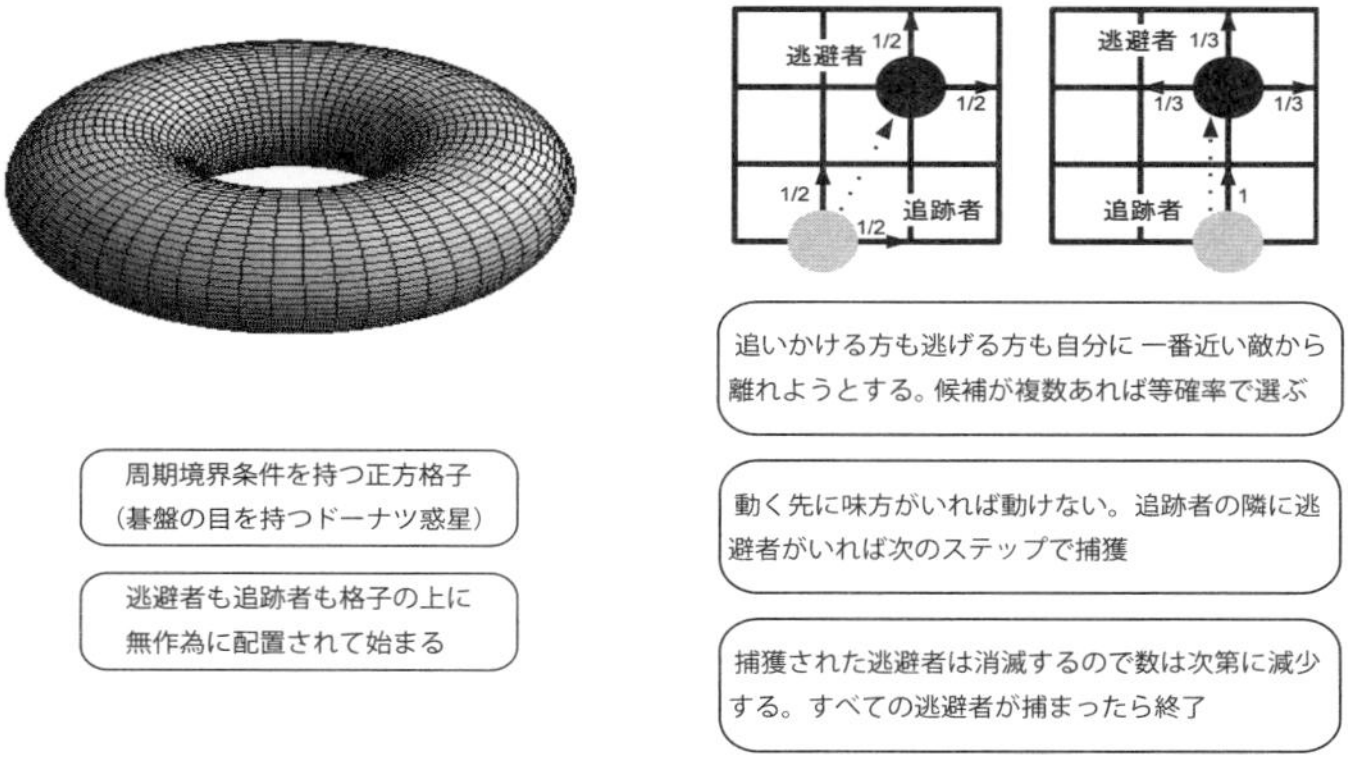
逃避者
1/2
1/2
1/2
1/2
追跡者
逃避者
1/3
1/3
1/3
追跡者
1
追いかける方も逃げる方も自分に一番近い敵から離れようとする。候補が複数あれば等確率で選ぶ
周期境界条件を持つ正方格子（碁盤の目を持つドーナツ惑星）
動く先に味方がいれば動けない。追跡者の隣に逃避者がいれば次のステップで捕獲
逃避者も追跡者も格子の上に無作為に配置されて始まる
捕獲された逃避者は消滅するので数は次第に減少する。すべての逃避者が捕まったら終了

【図２－11】集団追跡と逃避のルールと概念図

み撃ち」で捕まったりする。ゲームの開始の時から、すべての逃避者が捕まるまでにかかる時間が重要な指標になる。一般に、逃げる集団の人数に対して追う集団の人数がより大きくなれば、この全捕獲までの時間は短くなる。しかし、固定された犯人の数に対して、あまりに多くの刑事たちを投入しても、現実にはあまり効率が良くならない。

委細については割愛するが、この単純化された数理モデルでも、この効率の低下の現象が見られ、【図２－12】にこれを示すグラフを掲載した。逃避者数を10人に固定して、追跡者の人数を増やしていくと、全捕獲までの時間の減少は50人程度までの増員では効率よく短くなるが、それ以上の追跡者人数投入によってもより徐々にしか短くはならない。

ドラマ風にいえば、事件の「ヤマの大きさ」に対して、効率的な解決には適切な刑事動員数が存在するという感じである。多すぎると「足でまとい」が起きるのである。なお、この図は技術的な理由で両対数グラ

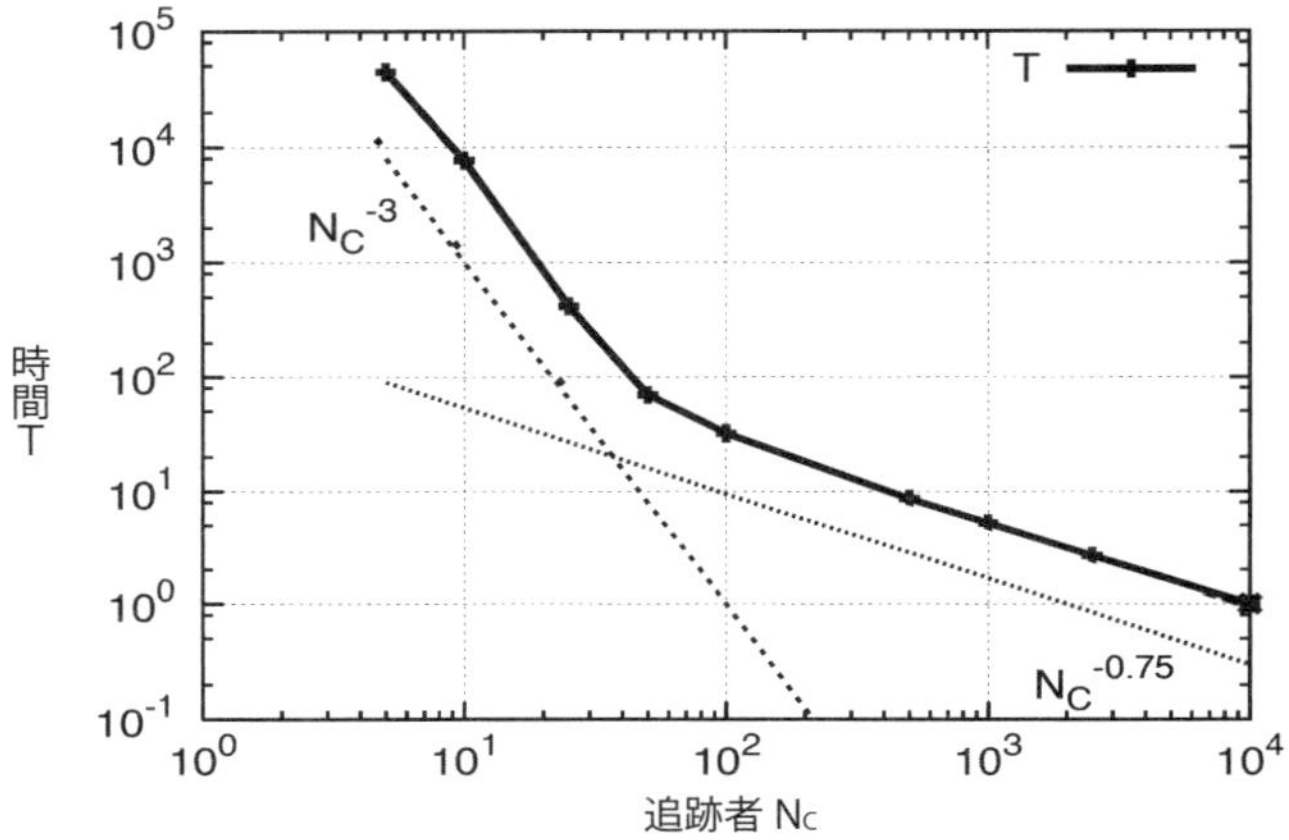

逃避者の数を１０人に固定して、追跡者 Nc の数を増やして、全員を捕まえるまでの時間Ｔを調べる

→

５０人弱のあたりで、増員しても捕まえるまでの時間の減り方が緩くなる。（グラフの折れ線ポイント）

【図２－12】集団追跡と逃避の捕獲効率の変化

フとなっているが、これは気にされなくても、折れ曲がっているポイントが存在することと、このあたりが最適効率と理解していただければ大丈夫である。

　さて、本題のノイズを付加するのにはどうするか。ここでは各個人の動きにノイズを付加してみる。これまでのルールでは、最も近い敵を見つけて、これに近づくか遠ざかるということにしているが、ここにノイズをいれて、時々動く方向を間違えて、本来のルールに従った場合とは逆に不利になるようにする。つまり、追跡者は相手から離れたり、逃避者は相手に近づいたりということが、起きるようにする。小さなノイズではこの動きの方向の間違いはほとんど起きないが、大きいノイズでは相手の存在にかかわらずにどの方向にもバイアスなく動いてしま

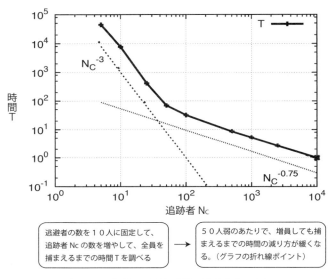

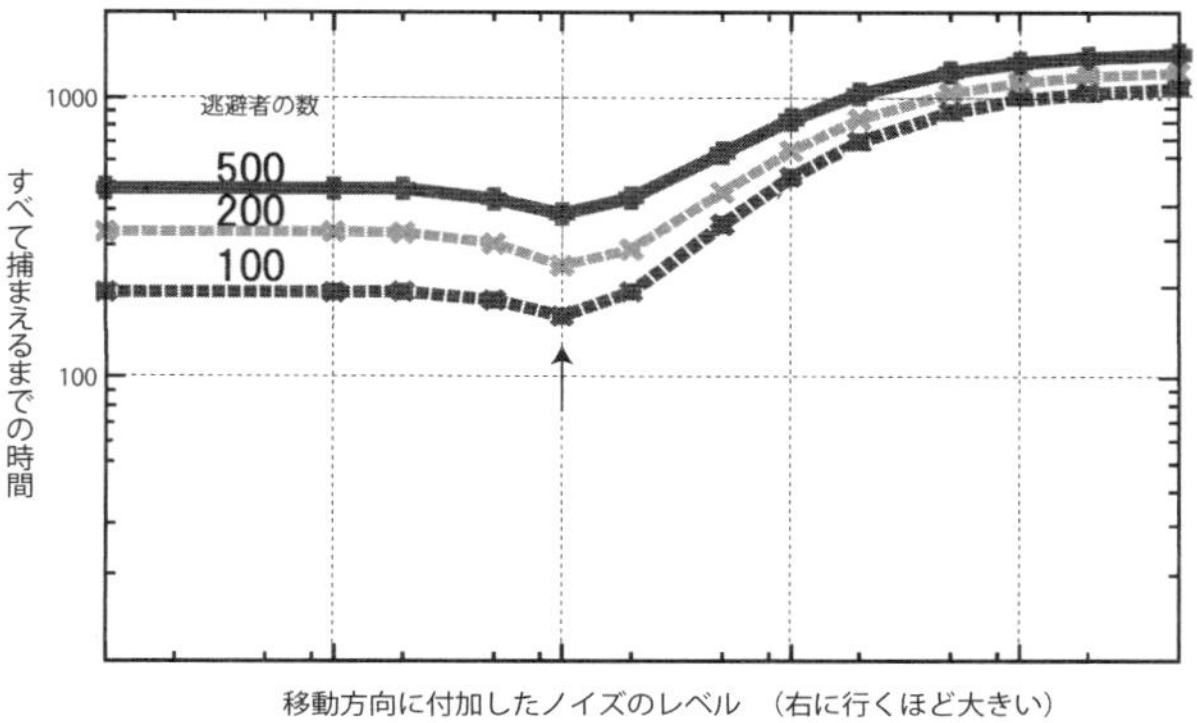

【図２－13】集団追跡と逃避における確率共鳴

うとしよう。

このノイズの大きさを横軸にとり、縦軸に全捕獲までの時間をとったグラフを【図２－13】に示した。追跡者の人数を１００人に固定して、逃避者を１００、２００、５００人とした３本の線があるが、途中に矢印で示したように下にへこんでいる。これが、適切な「移動方向間違いノイズ」を加えた状況で、全捕獲時間が最も短い。

これもドラマ風にいえば、走って逃げる犯人を同じ方向から複数で追いかけるよりも、「お前はあっちだ、俺はこっちだ」と適度に遠回りの裏道を使うなどして散った方が、より早く犯人確保につながる状況に似ている。これも単純な数理モデルの結果だが、現実を少し反映しているようで興味深く感じる。また、前節のネットワーク渋滞の話とも共通するが、個々の要素に加えられたノイズが集団としての行動や性能に有益な役割を果たす可能性を示唆しており、確率共鳴の集団での具体例と考えることもできる。

組織や社会の効率化はよくスローガンとして掲げられるが、個々のレベルの動きまでをルールでがんじがらめにしてしまうと逆効果にもなり得るかと思う。筆者の前職の民間企業なども含めて、こまかな経営効率指標の導入が逆に活力をそいだとの指摘も耳にする。アメリカで教育を受けた筆者も、若い頃はいろいろな日本社会や組織の非効率な部分がよく気になった。しかし、次第に飲みニケーションの存在や、個々の小さな誤りに寛容であるくらいの社会の方が、幸福のように感じるように思われて来た。もっともこれは、単に歳をとって、自身がより「とろく」なったことへの言い訳と反映に過ぎないかもしれないが。

〈まとめ〉

この章では、不規則なゆらぎとして、ノイズについてランダム・ウォークとブラウン運動を下敷きとして考察した。ここでも「確率共鳴」と言われる現象を柱としながら、通常は邪魔者と考えられているノイズが有益な働きをしうることを具体例を通じて紹介した。

次章では、確率の概念といくつかの身近な事例を紹介する。確率は数学的な概念であるが、不確実さを考えるにおいては、ゆらぎやノイズのような物理的な視点と並んで車の両輪の関係とも言える。ここまでで述べた内容と対比して読み進めていただいてもよいかとも思う。

第3章　確率

これまで述べてきた、ゆらぎやノイズは、我々が物理的に観測したりイメージしたりすることができる。一方、人類は、不確実さに向き合いながら、これらの物理的な現象に対する考察だけではなく、「確率」という概念を編み出してきた。そして、この概念は数学の中でさらに育ち、現在では、日常用語になると同時に、高度な現代数学の一分野にもなっている。

確率はゆらぎやノイズを含む現象の様々な性質を解き明かし、また実用に応用する上でも欠かせない役割を持つ。例えば、我々が日常的に耳にするようになった「降水確率」などの裏には様々なゆらぎやノイズを含んだ気象の今の状態や過去のデータが存在している。本章では、この確率の概念について述べていく。数学的な内容については第6章にまわすが、日常的な問題においても確率でとらえると、意外さを含めて興味深い性質が明らかになることの紹介をしたい。

確率へのアプローチ

確率という概念がどのように生まれたかについては定かではない。紀元前の古代ギリシャや古代インドにはすでに、動物の骨で作られたアストラガルスという4面の「サイコロ」や陶器で出来た今の6面サイコロの原型のような物が存在したという。賭博や占いなどと関連して、物事の選択や判断を偶然に任せるということも古くから存在している。このような確率の歴史的な側面からも興味深い事実はいくつもあるのだが、本書では割愛して、主として16世紀にイタリアのカルダーノによって原型が形作られたとされる古典確率から、20世紀になって生み出された公理的なアプローチを以下に簡単に紹介する。

組み合せ的アプローチ

我々が中学校などで確率というものを学ぶときに通常使われるのが、このアプローチである。例えば、「コインを2回投げた時に2回とも表になる確率を求めよ」、という問題が典型的だ。この場合、我々はすべての可能性を組み合せて考えて（表、表）（表、裏）（裏、表）（裏、裏）の4通りがあり、ここで問われているのはその内の1つの場合であるので、確率は1／4とするのが、正解とされる。同様に「表と裏が1回ずつ出る確率」を問われれば、2通りの場合があるので、2／4もしくは1／2と答えるであろう。

ここで我々が行ったのは、問われている「場合の数」を、可能な全体の「場合の数」で割ったものとして確率を求めたのである。つまり、想定されているいろいろな場合を組み合せて、問われている場合の組み合せの数と可能な全体の組み合せの数との比率を確率としている。

このアプローチにはなんの不都合も不思議もなく当たり前のように感じられるが、実は暗黙のうちに我々が仮定していることがある。それは、組み合せの基本に用いる個々の事象の場合が、例えば前記では4つの場合が、まったく同じ程度に起こりやすいという仮定である。より細かくみれば、それぞれのコイン投げでの表、裏の起こりやすさは同じ（等重率の原理）で、かつ、2回のコイン投げは裏表の起こりやすさに互いに影響を及ぼさない（独立性）という2つの前提があることを仮定している。

この「等重率の原理」と「独立性」の概念は確率を考える上で重要なのであるが、あまりにも当たり前に考えられていて、この前提条件が崩れていることに気がつかないと、正しくない確率が導かれたり、誤解が生じてしまうことがある。逆にいうと、確率への組み合せ論的なアプローチは、少なくとも、以下の2段構えの検証をしなければ成立しない。すなわち、このアプローチではまず基本的な事象（根元事象：前記で言えば1つのコイン投げの事象）、に関する確率や関連する前提条件は与えられている、もしくは仮定されている必要がある。そして、その組み合せとして、考えたい事象（前記では2回のコイン投げでの表や裏の出かた）、の確率を求めるということである。

それ故、前提条件が与えられていなければ、確率は求められないことに注意していただきたい。前記でも、もしコインの表と裏の出やすさに偏りがあれば、先にあげた解答は不正解になることは容易に理解できるであろう。

また、サッカーの試合の前のコイン投げなどでは、この偏りはまったくないとの我々の主観や仮定を前提としている。前提条件には時として事実に必ずしも立脚しない主観や理想化が入っていることもあるのである。それ故、このアプローチを「主観的アプローチ」と呼ぶ研究者もいる。

しかし、必要な条件が明記されてありさえすれば、このアプローチでは手続きとしては根元事象の複合からなる事象の確率を求めることができる。そして、このアプローチで「ある事象の起きる確率はこれこれです」という場合には、その信憑性は、組み合せの計算の正しさと、主観や理想化を含む前提条件の正しさの両者に立脚している。しかし、これまで述べてきたように、後者の存在と確かさについては細かい検証がされないことも多い。

統計的アプローチ

確率への別のアプローチは経験則、観測や実験の統計データに基づくもので、事象の実際の起こりやすさの相対的な頻度を確率として考えるアプローチである

例えば、コイン投げにしても、ビュフォン、ド・モルガン、フェラーのように確率論に多大な功績を残している著名な数学者たちも、繰り返しコイン投げの実験を行なっていて、数%以内の精度で表、裏の出る頻度がそれぞれ1／2になっていることを確認している。コイン投げに限らず、こちらのアプローチでは、事実や実験から事象の確率を決めることができる。このため、このアプローチを「客観的アプローチ」と呼ぶ場合もある。

この時に問題になるのは、関連事実や実験における繰り返しの数が十分であるかということであり、また、その際に繰り返しが多くなるにつれて、頻度がある値に近づいているかどうかということである。もしそうであれば、頻度の統計的安定性が成り立っていると言い、その頻度を確率として考えることができる。

しかし、そうでない場合はこのアプローチは使えないか、もしくは対象としている事象が確率を考えるに適さない事象である。ホテルの朝食に和食と洋食のどちらを選ぶかなどで、いつもどちらかに決めているような人を除いて、我々の嗜好に幅や気まぐれさがあるような場合などは、過去に経験の積み重ねがあったとしても「私が和食を選ぶ」という事象の確率を考えることはあまり意味をなさないことは理解してもらえると思う。

逆に、その詳細な理由や値を知らないが、一定の確率で起きている事象が存在するとする。この場合にはこの事象の生起の実験の独立した繰り返しの数が大きくなれば、その頻度は、その確率の値に近づいていくことが、ベルヌーイの定理として知られている。例えば、男子30人、女子20人の学生の集まりから、無作為に1人を選ぶことを繰り返し、それが女子である頻度を調べると、その値は繰り返しの数が増えるとともに2／5に近づいていく。

公理的アプローチ

このアプローチは、より現代数学的なアプローチで、「確率とはなにか」ということを述べる代わりに、確率というものが持つ性質を並べることで、それらを満たすものを確率として定義しま

（１） P(A) は０以上、１以下の値をとる
（２） A が確実に起こる事象ならば P(A) は１となる
（３） 同時に起きることのない２つの事象 A と B の
どちらかが起きる確率 P(A または B) は P(A) と P(B) の和に等しい

【図３－１】公理的アプローチによる確率が満たす性質

しょうという立場である。この満たすべき性質の条件を「公理」というが、現代数学として精緻な議論をするためには、確率にかぎらずにすべての分野で、公理的なアプローチが採用されている。

面白いことに、確率に関連する概念は古代から存在するのに、確率論がこの公理的なアプローチを整え現代数学の仲間入りを果たしたのは、20世紀に入ってからと遅い。１９３３年にロシアの数学者のコルモゴロフによって以下の確率の公理が提案された。

堅苦しくいえば、確率とは与えられた実験によって決まるすべての事象の集合の上に定義される実数値関数Ｐ（Ａ）で、【図３－１】の性質を満たすものである。

重要な点は、確率というのは我々が初等数学で親しんでいる、「数を入力したら、３倍するとか、２乗するとか」等の計算手続きで数を出力してくれるような、通常の関数とは違うことである。確率は事象を入力したら０と１の間の数字を返してくれるのである。このため確率は「集合関数」ともいわれる。

しかし、実際には勝手な集合の中に存在する事象を持ってきて、それを確率関数に入力できるかというとそうではなく、数字の入力とは違う難しさが数学的に存在する。また、前記を拡張した無限の概念を扱う公

理が数学的には重要なのだが、本書ではこのアプローチについては、複雑な話になるのでこれ以上立ち入らない。

一方で、この3点の性質を満たしてくれれば、ある事象が起きる場合の確率と起きない場合の確率を足し合わせたら1になるなど、我々が通常使っている組み合せ的、もしくは統計的アプローチによる確率の持つ様々な性質を導くことができる。できるだけ少ない公理で豊かな数の世界を生み出せることが数学的な美しさともいえ、確率論についてもこれはあてはまる。

身の回りの確率

本書では、前に述べたアプローチの中から、古典的なアプローチを主に用いる。最も親しみやすいこのアプローチから、数理にあまり立ち入らないで、以下にいくつかの身近な問題を紹介する。これらの例を通じて、確率の考え方に慣れてもらうと同時に、具体的に確率を計算すると、やや「意外な数字」が出現することを楽しんでもらいたいと思う。

誕生日の問題

パーティーなどである程度の人数の人が集まった時に同じ誕生日の人がいあわせることは時々起きる。これを確率の問題として、場合の数を用いて考えたのが「誕生日の問題」である。問題は「同じ誕生日を持つ人が少なくとも2人以上いる確率が5割を超える集まりになるには、何人

K	確率
2	0.0027
4	0.0164
6	0.0405
8	0.0743
10	0.1170
12	0.1670
14	0.2231
16	0.2836
18	0.3469
20	0.4114
22	0.4757
23	0.5073
24	0.5387
50	0.9708
80	0.99991

【図３－２】Ｋ人の集団で少なくとも２人以上の同じ誕生日の人がいる確率

の人がその集まりにいればよいか」である。また、前提条件は、双子などはなく、１年間３６５日（うるう年は考えない）のどの日も、人が生まれる確率は同じで、かつ独立であるとする。この問題についての考え方の委細は第6章に譲るが、だんだん集団の人数を増やして、同じ誕生日の人が少なくとも一組いる確率を考えると【図３－２】の表のようになる。

この表からわかることは、23人以上いれば、同じ誕生日の人がいる確率の方が5割を超えて、皆違う場合よりも高いとなることがわかり、80人もいればほぼ確実ということも見て取れる。23人というのは意外と低い数字だとは感じられないだろうか。この辺りが確率の問題の興味深いところである。

さて、実際にはどうなっているだろうか、前記の問題の前提条件は現実とは乖離していることがいくつかある。たとえば人が生まれる日に

	月	1	2	3	4	5	6	7	8	9	10	11	12	総計
	誕生人数	7	9	4	10	9	7	12	3	11	9	6	8	95
2008 年調査	2 人同日の数	2	1	0	1	1	0	1	0	2	1	1	0	10
	3 人同日の数	0	0	0	0	0	0	1	0	0	0	0	0	1
	誕生人数	9	4	11	11	7	7	6	8	8	18	9	14	112
2009 年調査	2 人同日の数	1	0	0	2	1	1	0	0	0	3	0	1	9
	3 人同日の数	0	0	0	0	0	0	0	0	0	0	0	1	1
	誕生人数	12	13	14	10	12	9	15	16	18	12	18	13	162
2010 年調査	2 人同日の数	0	1	1	2	1	1	5	2	3	1	1	4	22
	3 人同日の数	0	0	0	0	1	0	0	1	0	0	0	0	2
	4 人同日の数	0	0	0	0	0	0	0	0	0	0	1	0	1

【図3－3】誕生日の調査の結果

ちは同程度の確率は持っていない。アメリカでは10月に誕生日を持つ人が多いと聞いている。日本でもこれを調べるために大学での講義の際に、学生の方々からデータを取らせていただいている。結果は【図3－3】のようにまとめられる。

この結果を見てみると、やはり現実にもけっこう同じ誕生日の人がいることが多い。理想化された数理の計算からも、ある程度の現実を捉えることができる1つの例になっている。

現実は「想定の範囲外」

２００５年、ライブドアの元社長・堀江貴文氏がフジテレビ株の買収の際に口にして以来、「想定の範囲」という言葉をよく耳にするようになった。

これまで見てきたような、単純なランダム・ウォークは、応用の範囲も広いのであるが、数学的な理想化であり、特に現実の「想定の範囲外」には対応ができていないことが知られている。別の言い方をすれば、単純なランダム・ウォークなどに基づいてつくられた理論からみれば、文字通り「想定の範囲外」の規模の大きさの事象が、自然や現実社会には起きやすいのである。

このようなことは、前に述べた数理的に理想化されたランダム・ウォークや正規分布からの予想（理想化モデル予想）と比べることで調べることができる。日経平均株価の1日ごとの変動を調べると、大きな値動きの起こる頻度は意外と高い。また、平均年収を大きく超えたお金持ちも案外多く存在する。そして、大きな地震の起きる頻度も理想化モデル予想よりは高い。

このような現象との違いの主因は、理想化モデルにおける「独立性」の前提条件が崩れていることにある。経済活動においても、自然現象においても、独立したコイン投げのように、それぞれが孤立して勝手に動いているわけではなく、多くの構成要素がお互いに影響を及ぼしあっている。詳細なメカニズムは個々の現象によって異なるが、一般にはこのお互いの作用の存在によって、平均的な状況から大きく離れた事象が意外と起き得るのである。

しかし「想定外」だからといって、まったく秩序などがないとは限らない。実は20世紀からの数理科学の活発な研究分野の1つは、このような理想化ではとらえきれない現象の中に法則性を見つけていくというものである。例えば、経済の分野では所得の分布に関する「パレートの法則」、言語分野では英単語の出現頻度の「ジップの法則」などが知られている。

特に大量のデータの保存や扱いが可能になった近年では「ビッグデータ解析」というような名前で流行になっているところもある。読者の中にも「ロング・テール」「ファット・テール」というような言葉を耳にした方もあるかとも思う。これはまさに平均値よりも大きくずれた事象がおきる確率が理想化モデルよりも、大きい「テール（尻尾）」を持っているということを指している【図3-4上】。

地震についても、名古屋大学の地震火山研究センター（当時は犬山地殻変動観測所）の初代所長であった飯田汲事《くみじ》教授が、東京大学地震研究所二代所長の石本巳四雄《みしお》教授とともに、地震の規模と頻度の関係を「石本・飯田の式」（【図3－4下】）という形で1939年に発表している（ちなみに、「マグニチュード」の考案で知られるリヒターは「石本・飯田の式」と同等の法則を「グーテンベルグ・リヒター則」として5年ほど後の1944年に発表している。残念ながら世界的にはこちらがより知られている）。

この関係により、大きな地震の起きる確率は正規分布によるよりも大きいことが示された。実際、地球規模でのデータをみれば東日本大震災のマグニチュード9よりも大きいチリの大地震は、たった50年ほど前の1960年に起きている。マグニチュード8以上の地震も毎年1回程度、阪神淡路大震災と同規模のマグニチュード7の地震であれば年間で平均十数回起きている。

人間規模であれば、大災害をもたらす地震も、地球規模でみれば、不規則な「ノイズ」として考えることもできるであろう。ただし、この「ノイズ」は単純な理想化モデル予想ではとらえきれないことは、学術的にはもう1世紀近く前から知られている。現実の現象を「想定外」とするときには、我々自身が暗黙のうちに理想化に縛られているのかもしれない。

そのくじ買うべきか？——期待値

年初には普段は音信ができていない親類や友人たちの消息が感じられる年賀状の楽しみがある。

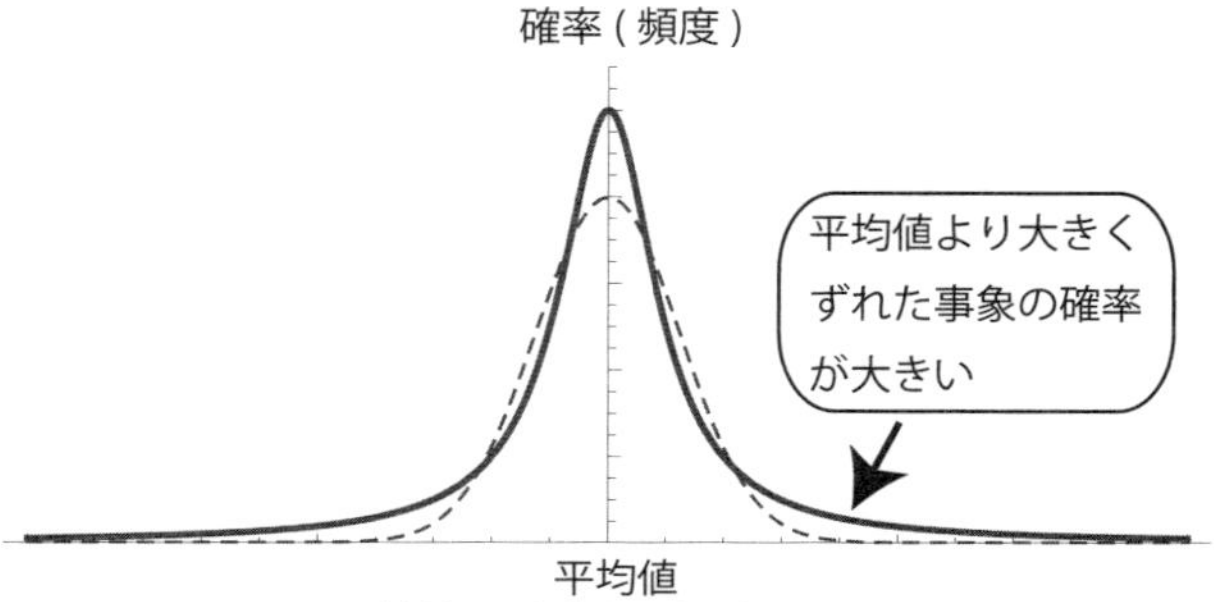

（点線は理想化された正規分布）

$$P(x) = K x^{-m}$$

石本・飯田の式

（X が地震の大きさ、P が地震の頻度、m は定数で 1.8 程度、K は定数）

【図３－４】「想定外」の確率が大きい、太い「尻尾」を持つ確率分布（上）と石本・飯田の式（下）

通常はほとんど気にかけていないのだが、この本を書いていることもあって、２０１４年の年賀状についてくる懸賞の当否を調べてみたら、１枚だけ３等の切手シートが当たっていた。ちなみに３等は、下２桁の数字の内で２つの番号（平成26年は72と74）が合致すれば良い。下２桁は00から99まで１００の場合の数があるので、３等が当選する確率は2/100で２％である。自身の手元にあったのは56枚であったので、ほぼ、その確率で当たったことになる。景品にもらった切手シートは80円と50円の切手が入っていて１３０円の価値があった。

確率の概念の発展と賭け事の間

には密接な関係があったことは既に述べたが、ここではこのような「くじ」を買うかどうかで重要な概念となる「期待値」について紹介をする。まず、当たれば１０００円もらえ、外れれば０円、つまりお金をもらえないというだけの「くじ」を考えよう。当たりの割合は１００本に１本（１％）であるとする。

もし、このくじがタダで配られていたら、皆これを求めるであろう。しかし、代金８００円であれば、ほとんど買われないと予想できる。逆に、くじを売る側の立場からすれば、タダで配れば当たった時に損をするだけだから、これは論外。しかし、８００円では、ほとんど売れないだろうからこれも難あり。このように考えてくると、このくじをいくらで売るのが妥当かという問題になる。このような時に参考にすべき基準値が「期待値」とよばれる確率から計算される数である。

期待値は基本的に、いくつかの数字が、それぞれの確率で現れる状況で使われる。前記のくじでは、賞金Ｓは、当たり（の事象）をＡとして外れをＢということとすると【図３－５上】のようにまとめられる。

ここにあるように、それぞれの賞金とその起きる確率をかけて、足し合わせたものが期待値となる。つまり、賞金Ｓの期待値Ｘは次の式で計算される。

$X = S(A) \times P(A) + S(B) \times P(B)$

この式で、上記の例を計算すれば

$X = 1000 \times 0.01 + 0 \times 0.99 = 10$

くじの例

「当たり」(A) と「外れ」(B) に関する情報から

S(A):　1000 円　　　確率　P(A) =1/100 = 0.01＝1%

S(B):　　0 円　　　確率　P(B)=0.99 = 99%

とまとめられるが、これから、それぞれの賞金とその起きる確率をかけて、足し合わせたものが期待値となる。

つまり、賞金 S の期待値 X は以下の式で計算される。

$$X = S(A) \times P(A) + S(B) \times P(B)$$

この式で上記の例を計算すれば

$$X = 1000 \times 0.01 + 0 \times 0.99 = 10 \text{（円）}$$

年賀状の例

年賀状の懸賞については、以下のようにまとめられる。

S(1):　10000 円　　確率　P(1) = 1/100000 = 0.00001 = 0.001%

S(2):　2000 円　　確率　P(2) = 1/10000 = 0.0001 = 0.01%

S(3):　130 円　　確率　P(3) = 2/100 = 0.02 = 2%

また、何らかの当たりがでる確率は、２つ以上同時には当たらないことを考慮すると

$$P(1) + P(2) + P(3) = 0.02011 = 2.011\%$$

となる。つまり、97.989% は外れでこれを便宜上 4 等の確率 P(4) とすると、S(4) は 0 円である。

よって、期待値は

$$\begin{aligned} X &= S(1) \times P(1) + S(2) \times P(2) + S(3) \times P(3) + S(4) \times P(4) \\ &= 10000 \times 0.00001 + 2000 \times 0.0001 + 130 \times 0.02 + 0 \times 0.97989 \\ &= 0.1 + 0.2 + 2.6 = 2.9 \text{（円）} \end{aligned}$$

【図３－５】期待値の計算

となり、期待値は10円である。

期待値は、その言葉のとおり、ある確率的に起きる出来事（この場合はくじの、当たりと外れ）に何らかの数字（この場合は賞金額）が結び付けられている時、この出来事が1回起きた時に、期待できる数字の値である。

くじの話に戻れば、前記の場合には、このくじを1つ買った人には、10円程度が平均的に期待できる賞金なのである。よって、これを基準にすれば、これより高い売値で、くじを多く売れば、平均的に売る方は儲かるし、買った人は損をする。50円で売っても、10万枚捌《さば》ければ、400万円ほどの儲けが期待できる。逆に買い手はその分損をするのだが、10万人の人が買えば、1000円が当たり、950円儲かる可能性が、平均的には1000人の人にあるので、10万人という部分が強調されなければ、感覚的には50円が高いと思う人はいないかとも思う。もちろん、心理的には様々な要素が影響するが。

さて、話がやや脱線したので戻すが、条件が変われば、当然、期待値も変わる。「当たり」「外れ」だけでない場合にも同じように拡張できる。最初に話の出た平成26年の年賀はがきのデータを使ってみよう。案内によれば、5桁の数字（00000から99999）の10万個の数の全体から選ばれる1等（5桁の数字の1つ97085が当選）、2等（下4桁の数字の1つ2344が当選）から3等（下2桁の数字の2つ72と74が当選）までである。1等は1万円の現金、2等の選べる地域の特産品などを2000円相当、切手シートを切手額面の130円とすれば、これも【図3－5下】にあるようにまとめられる。

ここに示したように計算の結果、期待値は3円弱となる。知人に年賀の挨拶をするためではなく、儲けようとして年賀状を購入する人はあまりいないと思うが、手元の50円の年賀状1枚毎に3円程度の期待が持てるのである。

ちなみに地方自治体財政の一部を支える「宝くじ」の期待値は種類や時期にもよるが、現在の300円の購入価格に対して、だいたい140円程度であるという。年賀状をくじとして買うのは、この計算の比較からしても、お勧めはできないということになる。

また少し脱線するが、宝くじ公式サイトに面白いデータが出ていた。平成25年度に1000万円以上を当てた860人へのアンケート調査の結果である。これによると約2／3が男性で、約4割が60歳以上だが、50代まで含めるとこの率は6割を超える。中高年おじさんの「夢」を宝くじが担っている様子が浮かび上がる。また、10年以上の宝くじ購入歴の人が全体の7割を超える。初めて買って大きく当てた人は2％に満たない。当選の「秘訣」は「運」という人が4割5分程度で、「継続」という人が2割5分程度である。数理的に考えれば購入歴の長さ、つまりどれだけの回数の試行をしたか、が当選につながるのは自然なのだが、「継続」よりも「運」の要因が強く感じられるのはなかなか興味深い。

さて、話を戻すと、くじとして何が「お買い得か」ということであれば、単に全体の期待値だけでなく、ある当選等級の当選確率やその賞金の額をより詳細に検討する必要がある。例えば2億円が1000万人に1人当たるくじと、2000円が100人に1人当たるくじで、どちらもそれ以外は外れで賞金なしであれば、期待値は共に20円である。複数の当たりの等級を持つものも含めて、同じ全体の期待値でも、すごく大きな金額の賞金の当選確率が非常に低いものから、少額の賞金の当選確率が高いものまで幅広い。

「数学的な根拠で、このくじはお買い得」と期待値だけをとりだして宣伝しているケースも見かける。通常は、そのような宣伝にかまけるよりは、親しい友との年賀状交換のほうが、幸福感をもつ確率は高いように思われる。

ゲーム理論

筆者は比較的軽めのアクション系のハリウッド映画を好んでよく観る。そのような映画にも出てくる、ヒーローもしくは犯人逃亡や追跡の状況を考えてみよう。犯人は2台の車を用意して、2手に分かれ、うち1台をおとりにして、もう1台に盗んだ現金を載せて逃げるとする。刑事は1台の車しか使えない状況で、2台の内のどちらかしか追えない。しかし、犯人の手持ち2台の車の情報は手に入れている【図3-6】。

1台（A）は頑丈で速いので、仮に追跡しても80％の確率で逃げられてしまう。つまり捕まえられる確率は20％である。しかし、もう1台（B）は性能の劣る車で、こちらを追跡すれば逃げられる確率は40％で捕まえられる確率は60％であるとする。もちろん、どちらかはおとりであるので、判断を誤っておとりを追跡してしまうと、100％取り逃がしてしまう。

ここでのポイントは、「お互いに前記のすべての情報を知っている。しかし相手の選択を知らない時に、逃げる方はどちらの車で逃げ、追う方はどちらの車を追うべきか」という点である。

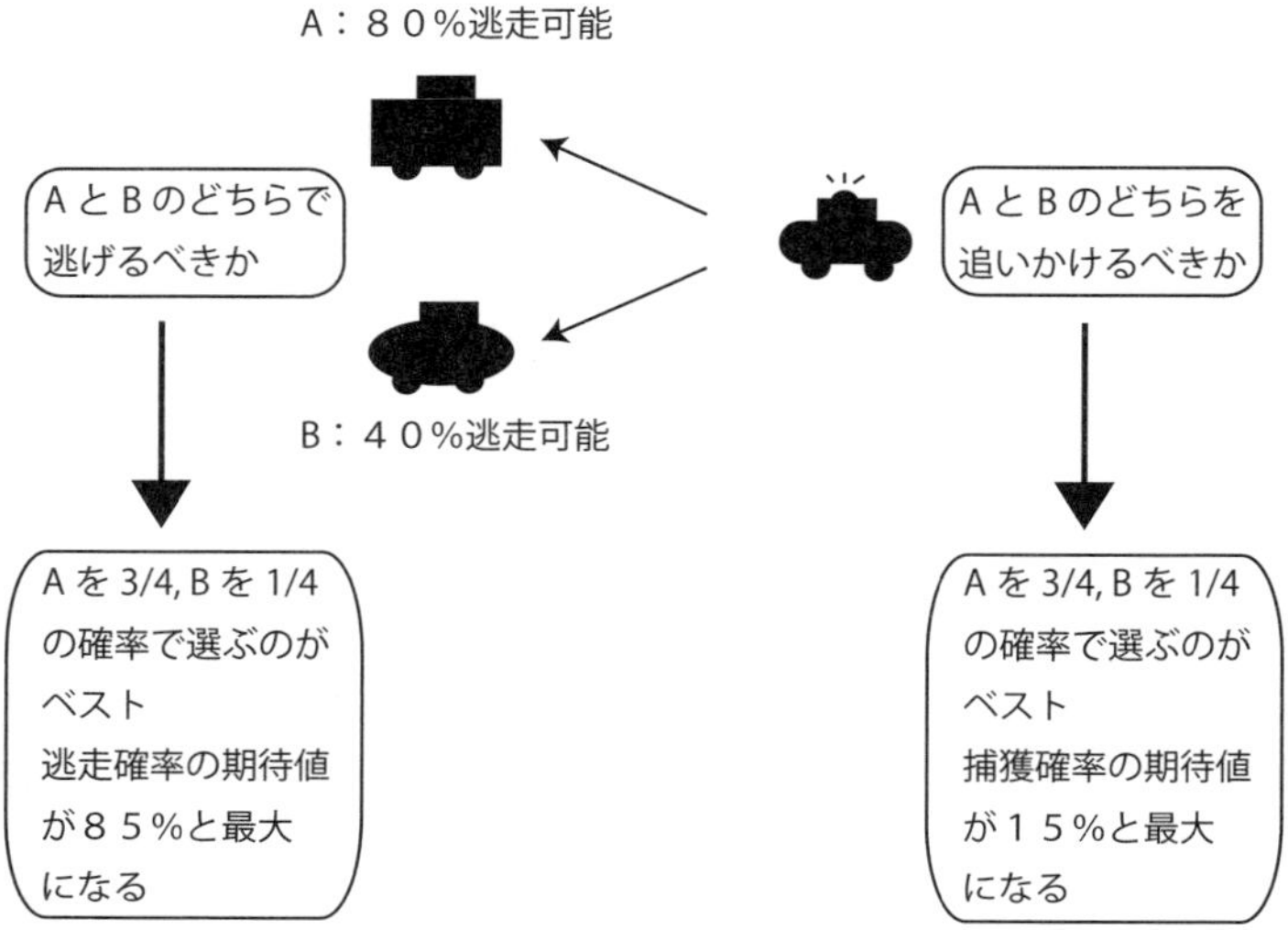

【図３－６】どちらの車を追うべきか。ゲーム理論の例題

一見すれば、答えは明快で「わざわざ捕まりやすい車で逃げることはないから、犯人はより逃げられる確率の高いAの車で逃げるのが正解に決まっている」と考えられるであろう。日常的にもいくつかのオプションがある時にはより成功の確率の高い方を選ぶのが普通である。しかし、注意してほしいのはこの問題は追跡する刑事という相手があることで、しかも既に述べたように情報は共有されている。もし、犯人が上のような判断をするのであれば、刑事は逃亡確率の高い車Aを必ず追いかけ、20%のチャンスに賭けるであろう。

「しかし、そうではあっても車Bを使って60%の割合で捕まってしまうよりはましではないか？」という疑問はもっともである。面白いことに、そしてやや意外に思われるかもしれないが、ここでは両者にとっての逃げられる、捕まえるための「ベストな選択」は、犯人も刑事も選択の判断に不確かさを入れて、確率的に車を選ぶことなのである。ここでいう「ベストな選択」とは、前に述べた期待値の尺度を使ってということである。つまり、犯人からすれば逃げられる確率の期待値を最大にすることであり、刑事は捕まえる確率の期待値を最大にすることである。

このような考え方は「ゲーム理論」という応用数学で、特に初期には経済学への応用を目的とされて作られた理論の中で、形成されてきた。コンピュータの基礎理論にも貢献し、20世紀の最も偉大な数学者の1人と言われるフォン・ノイマンや、映画「ビューティフル・マインド」でその人生が描かれたジョン・ナッシュなどが、この理論に関係している。交渉、取引などの相手がいて、ある程度の情報が与えられている中で、自身の利益の最大化を図るときに、個々人の合理的な判断はどうするべきか、というような問題を数学の問題として整備しているのである。

この理論を適用して前記の問題を解くのだが、その具体的内容は複雑になるので割愛する。ただ、この問題は2人ゼロサム・ゲームという枠組みで考えることができる。そして、結果としては、逃亡者にとっては、より逃げやすい車Aを3／4で、車Bを1／4で確率的に選ぶことで、逃亡確率の期待値を最大の85％とすることができる。さらに、この方法での85％という期待値は、刑事がどのような選択をしても変わらない、つまり相手の出方によらずにベストな選択方法（戦略ともいう）なのである。期待値としては、意外にも、車Aだけを使う逃亡確率の80％より大きくなっていることに注意してほしい。要するに、車に選択肢がある状況で、あえて、より性能の劣る車も含めて確率的に選択するという不確実さを上手く活用する手法によって、自らの逃亡できる期待値を、車を1つに決めてしまう場合より高くできるのである。

逆に刑事のベストな選択方法もこの場合は同様に、車Aを3／4で、車Bを1／4で確率的に選ぶことである。そして、この時の捕まえられる期待値は15％であり、刑事自身が自分の前記の選択方法を変えない限り、これも犯人の選択方法によらない。刑事としては不本意であろうが、しかし、このベスト戦略であれば、最悪でも15％の期待値では犯人を捕まえられ、どちらか一方に賭けてまったく取り逃がす（つまり捕捉確率0％となる）危険は少なくできるのである。

ゲーム理論で取り扱われる問題においては、このように不確かさをからめながら、意外な結果が導かれることが多い。問題設定は現実に身近な状況だったりすることもあり、なかなか楽しめる。一般向けにも多くの良書があるので、興味をもっていただければ幸いである。

もっとも、期待値だけで現実の行動を決めることが、必ずしも得策でないことは、「くじ」の話の時にすでに述べた。また、映画やドラマの中でこのような計算をしても面白くはない。いつもは窓際に追いやられている切れ者刑事の第六感で、犯人心理を見抜いてのドラマティックな事件解決が、まさに視聴者の期待するところであろう。

トーナメントの問題

Jリーグができたことによって、サッカーへの関心は大きく広がった。少年サッカーチームもプロチームのジュニアチームから地域の草の根チームまで数がだいぶ増えた。筆者も、子供とともに、東京港区の「キッカーズ」という地元のチームに10年ほどお世話になっている。地域のお医者さんの提案で設立され、親が持ち回りで当番をして、勝負に強くこだわることなく、メンバーの子供たちは皆試合に出られるなどの手作りのチームであり、もう30年以上も続いている。元々は小学生のチームだけであったが、現在は中学生、若者、お父さん、お母さんなどのチームも増えた。学校や職場はそれぞれ多様だが、仕事柄、組織の外の人々と付き合うことが少ないので、グランドの中で汗をかくだけでなく地元の方々とのお付き合いもありがたく楽しませていただいている。

前置きが長くなってしまったが、サッカーやテニスなどのスポーツでは、チームやプレーヤーの強さのランク付けがなされている。これらのランクは試合成績などを勘案して変化し、関係団体のウェブサイトなどで公開されている。このようにランク付けされていても、ある2つのチームやプレーヤーが実際に対戦すれば、当然いつも強いほうが勝つわけではない。番狂わせがあることが、スポーツ観戦の醍醐味なのである。

2014年のワールドカップでは日本は残念な結果に終わったが、直前の親善試合ではFIFA（国際サッカー連盟）ランキングが34位のコスタリカを47位の日本が破り、期待は大きかった。また、ランキングの高いスペイン（1位）やイングランド（10位）も決勝トーナメントには進めなかった。

では、ランク付けされたプレーヤーたちが、実際によく行われるようなトーナメントに出場した場合にどのような結果になるのだろうか。これは事前予想なども様々に出されるなど、興味のあるところである。

この問題を数理の問題として考えてみたらどうなるだろうか、という筆者の関心が端緒で、名古屋大学大学院のゼミの学生の方々と研究してみた。まだ萌芽的な段階にあるので、研究としては確立されたものではないが、ここにも、不確かさに起因する興味深い意外性が現れたと思うので、あえて紹介する。

数学の問題にするには、ある程度現実を反映させながら、試合の勝敗に不確かさを導入したモデルを考えて、かつ、できるだけ簡明な形での作問を心がける。手始めに、下記のような問題として「定式化」してみた。サッカーだけでなく、テニスや高校野球などでも採用されている通常のノックアウト型（敗者は去る。ただし3位決定戦は行う）のトーナメントを考える。とりあえず16人のプレーヤーによるトーナメントで説明しよう【図3－7】。

1. 16人のプレーヤーそれぞれに強さの評価をつける。強さは1から16として、皆違う強さを持ち、この数が大きいほうが強い。つまり、この16人のプレーヤーは1から16の強さの数字の1つずつを背番号に背負った集団である。

2. トーナメントの樹の足のところにこれらのプレーヤーを、高校野球などで行なわれるように、公平なくじを用いるなどして、無作為に配置する。

3. それぞれの対戦相手との試合において、強さがAとBのプレーヤーが試合をした時の勝敗の確率は以下とする。

Aの勝つ確率　A／(A+B)

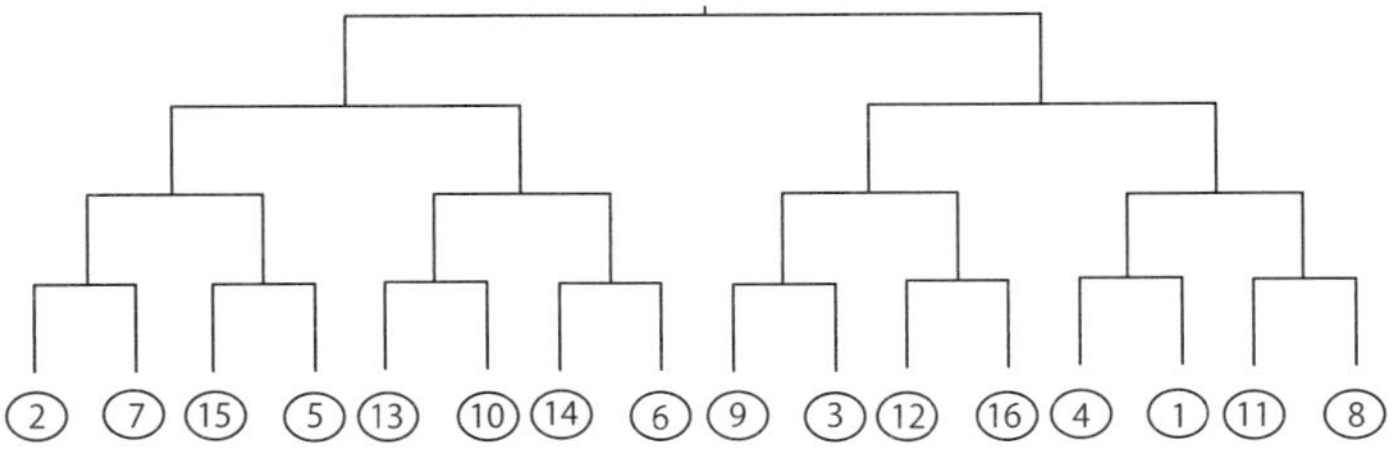

ノックアウトトーナメント模式図。強さを背番号にしたプレーヤーがランダムに配置されている例

具体的な対戦例

② ⟷ ⑦

$$2番の勝つ確率 = \frac{2}{7+2}$$

$$7番の勝つ確率 = \frac{7}{7+2}$$

【図３－７】トーナメントの問題の概要

Bの勝つ確率　B／(A+B)

つまり、それぞれの強さに比例する割合で勝つ。例えば強さ2と7のプレーヤーの試合では弱い2のプレーヤーは2／9で、強い7のプレーヤーは7／9で勝つ。これによって、強さがより近づけば、勝敗の割合は五分五分に近くなるが、力の差のあるプレーヤーの試合では、強い方が勝つ割合がより大きくなる。

4. このルールでトーナメントを行い、結果を記録する。なお、準決勝敗者による3位決定戦を行い、4位までの順位付けをする。

5. このトーナメントを、各回毎にプレーヤーの初戦相手を無作為に組合せながら繰り返し、それぞれのプレーヤーが何位に終わるかを記録する。

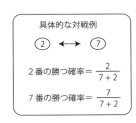

6. この中から、各プレーヤーが1位から4位になる確率を計算する。たとえば、強さが13（背番号13）のプレーヤーが１０００回のトーナメントの中で１００回3位になったのであれば、背番号13のプレーヤーが3位になる確率は 100/1000 = 0.1 となる。

このようなトーナメントの数理モデルの計算をゼミの大学院生たちに依頼した。筆者自身は最初は、常識的な結果となると予想した。つまり、1番強いプレーヤーは1位になる確率が下位で終わる確率より大きくなる。2番目に強いプレーヤーは2位に終わる確率が、2位や3位、4位に終わる確率より高い——等々。自分の強さのランクに応じて、トーナメントでの成績も決まると予想した。

しかし、計算をしてくれた大学院生からの報告はこの予想とは違った。確かに最も強いプレーヤー（強さ16）は1位になる確率が1番高いのだが、2番目から5番目に強いプレーヤーについても1位になる確率が、下位の順位に終わるよりも高いというのである。例えば、3番目に強い、強さ14のプレーヤーにおいても3位や他の順位になる確率よりも優勝する確率の方が大きいという。

これをまとめたのが【図3－8】の上の図である。横軸には各プレーヤーの強さ（背番号）があり右に行くほど強く、縦軸には確率をとっている。4つの線は、それぞれのプレーヤーが1位から4位に終わる確率をつないだ線である。2位と3位になる確率はほぼ重なった線になっている。これを見ると確かに、1位になる線が、他の順位に終わる確率の線よりも上に来ているのが

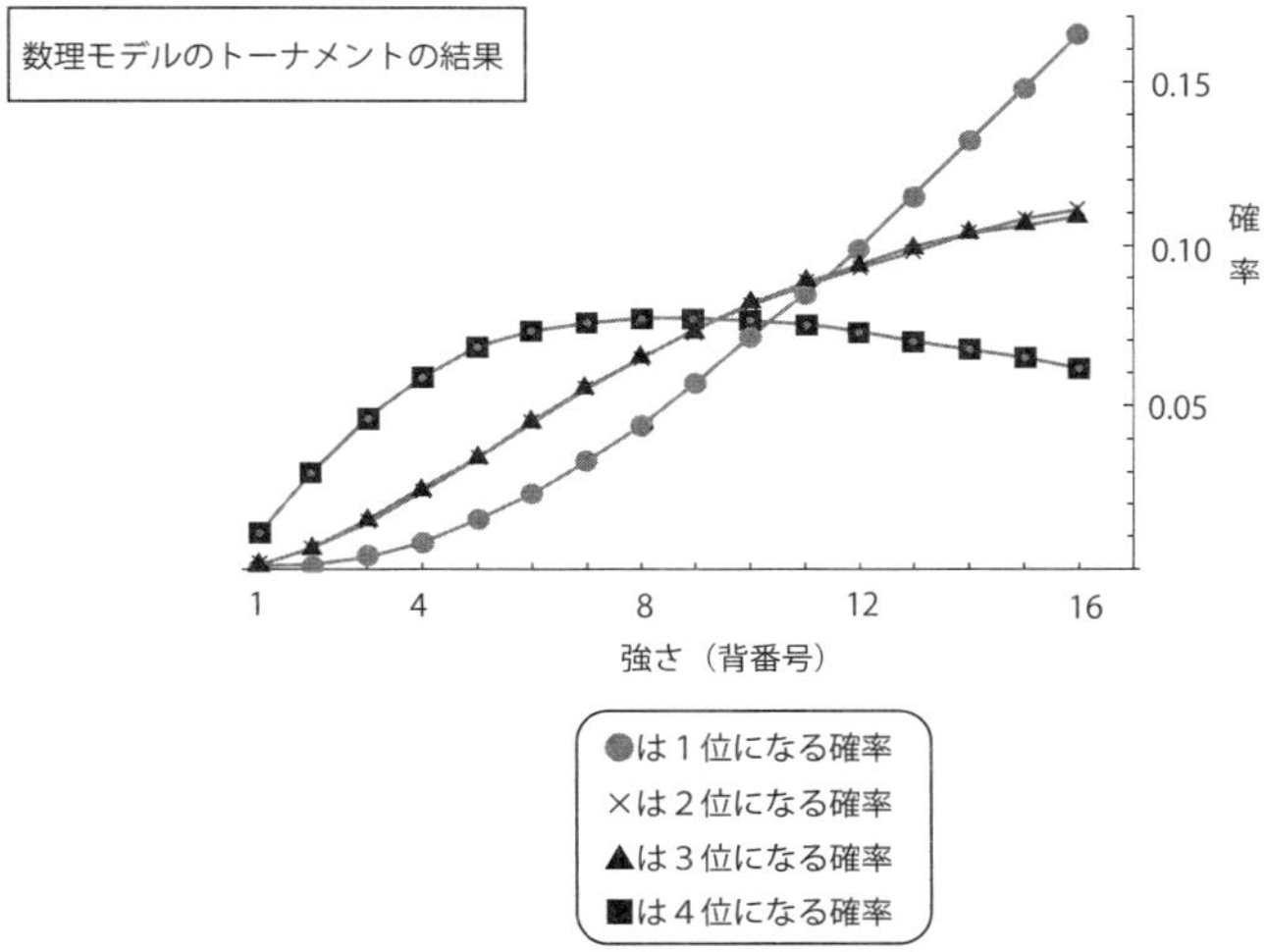

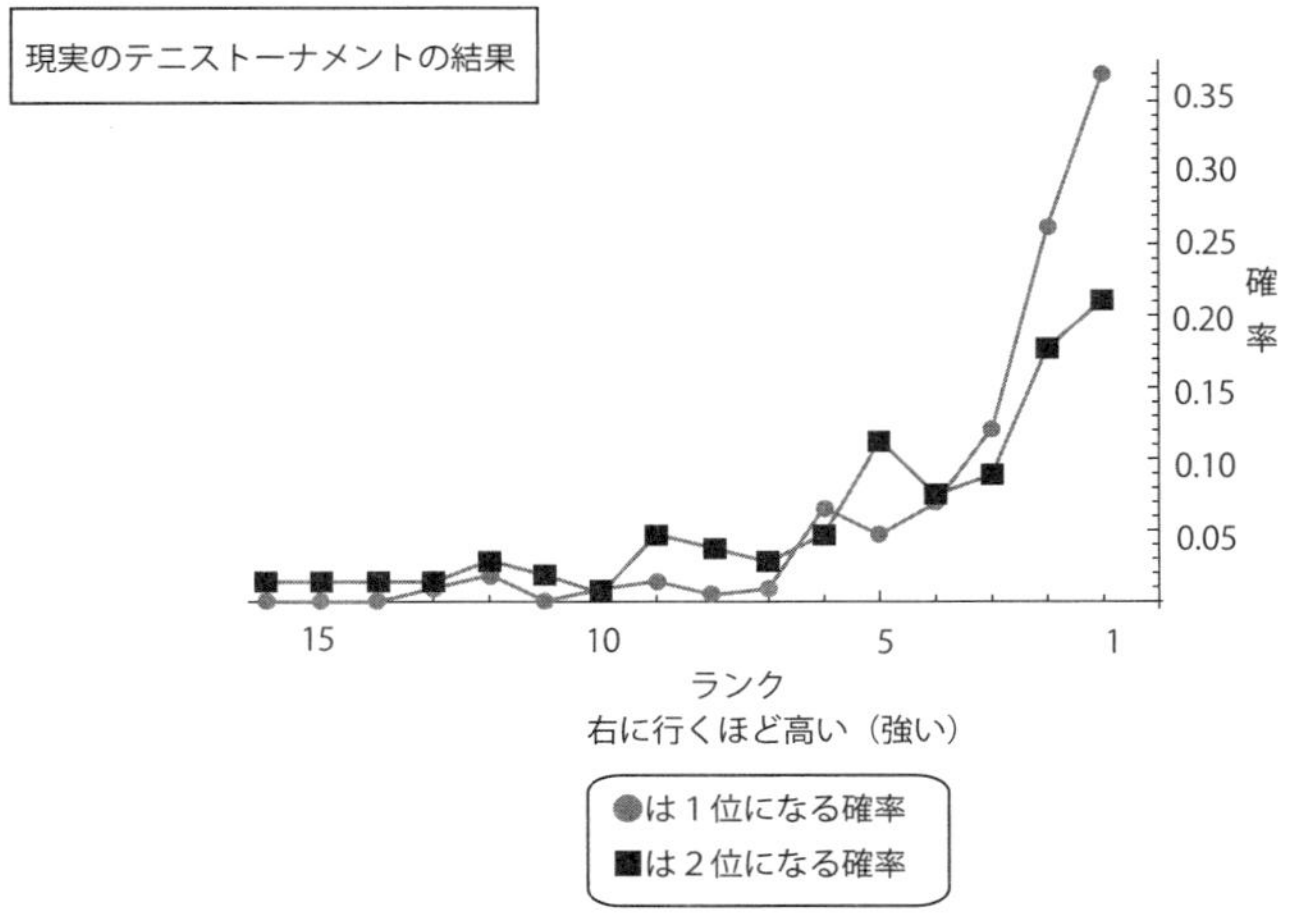

【図３－８】トーナメント数理モデルの計算結果と現実のプロテニストーナメントの結果

上位の5人で起きている。これを「逆転現象」と呼ぼう。

しかし、確認のために、少しでも強い方が必ず勝つ、つまり個々の試合の勝敗に不確実性を入れないという場合も検証してもらうと、こちらは、常識的な予想のとおり、それぞれの強さのランクで終わる確率が1番大きくなることがわかった。つまり、この意外な「逆転現象」が起きるのは、より強いプレーヤーでも負けることがあるという不確実さの結果なのである。

ここまでは、非常に単純化された数学モデルでの結果であるので、あくまでこの特殊な仮想的なトーナメントでの話に過ぎないかもしれない。実際にはどうなっているだろうかという疑問は自然に起こる。

これについても、テニスのトーナメントのデータと選手のランキングのデータを使って調べてもらった。残念ながら十分なトーナメントの数が取れないので、まだ明確なことは言えないのだが、優勝する確率については、同様の逆転現象がおきていることを示唆する結果となった【図3－8下】。これは著名なテニストーナメントから214試合をとり、その時々の男女の国際テニス連盟による上位ランクのプレーヤーが、1位になる確率、2位になる確率である。ここでも、トーナメントで優勝する確率が2位になるよりも大きくなるのは、ランクが1番上位のトッププレーヤーだけに限らない。ランキングが2番手、3番手の選手でもそうであることが見て取れる。

この研究自体は冒頭に述べたように萌芽的な段階にあり、様々な検討や検証が必要である。例えば、サッカーチームの強さを表す、FIFAポイントシステムや、イロレーティング（Elo-Rating）など他のランキング方法との関係や、トーナメントにおけるシード権の影響などが具体的な今後の研究課題である。

しかし、不確実さを取り込んだ、このような単純な数理モデルが、現実に起きていてもあまり気が付かれていない事象を捉えているかもしれないという可能性は楽しみでもある。また、ここでの意外な「逆転現象」を見出したのは、大学院生の若い柔軟な感性であることもお伝えしたい。


〈まとめ〉

この章では、不確実さを考える数学の代表である確率についてあまり数学に踏み込まずに紹介した。計算の結果出てくる数字にも意外性があることが多く、楽しみが尽きない。より数学的な内容は第6章に回したが、そちらにも意外さを感じさせる事例を取り上げた。読者の方々にも、ぜひ、身の回りの事象の確率について考えていただければと思う。

これで、不確実さを考える上での両輪であるゆらぎやノイズと、確率が揃ったことになる。次章では、通常は不確実さと直接結び付けられることはない要素である「遅れ」とその影響についての紹介を行う。それでも意外と日常に近いところに潜んでいる要素であるので、そのもたらす複雑な挙動と合わせて、不確実さとのつながりを感じてもらいたい。

第4章　遅れ

冒頭に述べたように遅れもあまり印象の良いものではない。さらに、時としてさまざまなシステムに非常に複雑な挙動をもたらし、その結果として不確実さにつながることもある。一般に、遅れはさまざまな状況で現れるが、本章では主に「やまびこ」のようなフィードバックの遅れと、それに伴う現象について、いくつか紹介していく。

フィードバック

「やまびこのような」と述べたフィードバックだが、いくつかの例を挙げてみよう。時々、パーティーの会場などで、マイクとスピーカーの位置が近くなると、大きく不快な音がすることがあるのを聞いたことがあるだろうか。この現象は「ハウリング」と呼ばれる。マイクから入力された音が増幅されてスピーカーから出力される時に、マイクの位置が近いと、そのスピーカーからの音をまたマイクが拾ってしまう。これが繰り返されると音がどんどん増幅されて「キーン」とか「ドーン」というような不快な音が、元々の小さな雑音の入力からでも生成されてしまうのである。

これは自己フィードバックの典型的な例である。自分の出力が戻ってきて、再び入力となるのである。前記では不快としたが、ビートルズのジョン・レノンはこれを「アイ・フィール・ファイン」の曲の冒頭で使っている。ギブソンJ－160Eという（エレ・アコ）ギターをスピーカーに徐々に近づけることで、このフィードバックを用いた音を曲に取り入れているのである。ビートルズは音響技術的にも様々に斬新な試みを行ったが、その一例である。

また、我々の制御にともなう動きも、多くはフィードバックに頼っている。例えば、車の運転でも、我々はハンドルや加速・減速ペダル操作によってもたらされる車の動きを見たり感じたりしながら、無意識的であるにせよ続く動作の調整を行っている。

工学的にもフィードバック制御は中心的な制御手法である。基本はシステムが目的とする出力と、実際のシステムからの出力の差をもう一度システムに戻して、その差が小さくなり、望ましい出力になるように制御するのである。車の自動ブレーキや自動運転など今では当り前の装備となっているが、これも様々なセンサーによって、車の動きと道路など周囲の状況をモニターしながらフィードバックをかけて、車の動きを制御している。製品パッケージの中にアンケートを同封して、「お客様の声を次の製品開発に活かす」というのも、広義にはフィードバック制御と同様であるといえるだろう。

遅れの影響と効果——意外と避けられない要素

どんな信号であってもそれが発信者から受け手に伝わるまでには何らかの遅れが存在することはみなさんご存じだと思う。実際、現在、我々の知る最も速い信号は光であるが、真空で約3×10^8メートル／秒の速度がある。この速さでは名古屋とロサンゼルスを約0・06秒で往復できる。もしくは6秒間で100往復出来ることになる。

また、太陽を見上げれば、そこに光っているのは約8分前の姿である。あまり好ましい例ではないが、仮に太陽が突然大爆発を起こしたとしても、我々がそれを知るのは8分後である。もっともその一瞬の知識とともに我々の存在は宇宙から消えるのであるが。宇宙の、より遠い星を眺めてみれば、そこにあるのはもっと昔の状態である。もし400光年の距離にある星の惑星に高等生物が存在し、高度な望遠鏡で日本のあたりを観測していれば、彼らは江戸時代の初期を見ており、現在とはだいぶ違った日本人の様相を見ていることになる。

この遅れは、特にフィードバック制御においては問題になり得る。なぜなら、制御をするにも我々は少し前の状態の情報しか使えないからである。もっとも多くの場合、電気信号などは、制御対象の時間スケールに比して十分に速く伝わるのであまり問題にはならない。しかし、のちに述べるような人間が指先で棒の制御をしたりするような状況では、通常は0・1から0・3秒程度である人間の反応の遅れが影響を及ぼす。

このように時間遅れも、ノイズやゆらぎと同じように、考える対象の動きの速さなどの時間スケールとの相対的な大きさが問題となる。フィードバック制御においては制御対象の時間スケールに比して大きい場合には、遅れはけっこう複雑な問題となり得る。

また余談となるが、我々の日常感覚からすれば60ナノ秒（ナノは10億分の1）という極めて小さな時間のずれが、数年前に物理学会を揺るがした。2011年9月23日に、前述のヒッグス粒子を発見したCERNから、別の素粒子であるニュートリノが光速よりも早く動いたとの観測結果が発表された。CERNから約730キロ離れたイタリアのグラン・サッソ国立研究所に向かって放たれたニュートリノ粒子群が、光速で動いたと仮定したときにかかる時間（約2・43ミリ秒）よりも、前記の60ナノ秒早く到着したというのである。

これが事実であれば、100年近く物理の基本理論の1つであった相対性理論が根底から崩れることになる。反響は大きく、様々な議論がわき起こった。この発表をした国際実験チームは再度、より高精度の実験を行い、同年11月18日に重ねてこの現象を確認したと発表した。

筆者はたまたま、この11月の発表の直後にイタリアのウディネで開かれていた物理学の国際会議に参加していたので、この研究チーム内のイタリアグループの研究者の発表を聞くことができた（ちなみに同じ学会ではヒッグス粒子の存在の兆候も報告されていた）。この発表者は自信満々で、すべての寄せられた疑義に丁寧に対応した精緻な実験でも同じ超光速現象が見られたと、すぐにもノーベル賞をとるかのような勢いで報告をしていた。

しかし、最後は時計をつなぐケーブルの接続不良という、お粗末な結果で翌年6月に撤回となった。最先端の実験では非常に巨大なシステムを使うのだが、それらによって素粒子のエネルギーや極小の時間の遅れなどの計測が、我々の日常からは想像を絶する精度で行われている。このシステムのほんの小さな不良やミスが決定的になってしまうのである。

ちなみにこの国際研究チームの中には名古屋大学のグループも参加していたが、こちらはいたって冷静であったと聞いている。ぎりぎりのところでせめぎあっているこのような実験科学においても、国柄や文化など、けっこう人間味のある部分が表出するのは面白い。

「遅れ」でうるさい相手を黙らせる

この章の冒頭で、やまびこに言及した。筆者も若い頃、山に登っていたのでわかるのだが、たしかに山の頂きで大きな声を出すのは爽快である。しかし、自分の声が自分に戻ってくることは必ずしも心地よいとは限らず、時として逆に混乱を生じる。

これを明確に活用したのが、2012年にイグ・ノーベル賞を受賞したスピーチジャマーである【図4－1】。相手の話し声をマイクから入力して、それを約0・2秒遅らせて、本人に向けて聞かせる。つまり話し手は自分の声を少し遅れて聞くのであるが、これが発話をするタイミングとちょうどぶつかり、スムーズに話をすることが難しくなると言うのである。遅れの適度さとフィードバック音響の指向性が調整されるとこの現象が起きる。「話をごちゃ混ぜ」にするという、その名の通りの現象で、おしゃべり妨害装置としての役割を発揮するのである。

筆者にも、小学生のころに学校の集会でマイクを使って何かの話をしたときに、自分の声がス

【図4－1】イグ・ノーベル賞を受賞したスピーチジャマー。はこだて未来大学の塚田浩二准教授のサイトより

ピーカーから校舎の壁に反射して戻って来たことでしどろもどろになってしまい、赤面してだまってしまった記憶がある。今考えれば、これもちょうど遅れなどの条件が揃っていたのであろう。このスピーチジャマーの発明者の1人は、筆者の前職で学生インターンをされていた関係で面識があるが、この他にも日常からさまざまなアイディアをとりだして、主に人と装置の関わりに関する面白い研究をしているアイディアマンである。彼の共同研究者によるスピーチジャマーのデモンストレーションもネット上の映像として公開されているので、見ていただくことをお勧めする。

「遅れ」は歌をうまくする

アメリカのユタ州にあるソルトレイクシティは冬季オリンピックを開催したこともあるので、聞いた名前であるかもしれない。この街はモルモン教として知られる末日聖徒イエス・キリスト教会の中心地

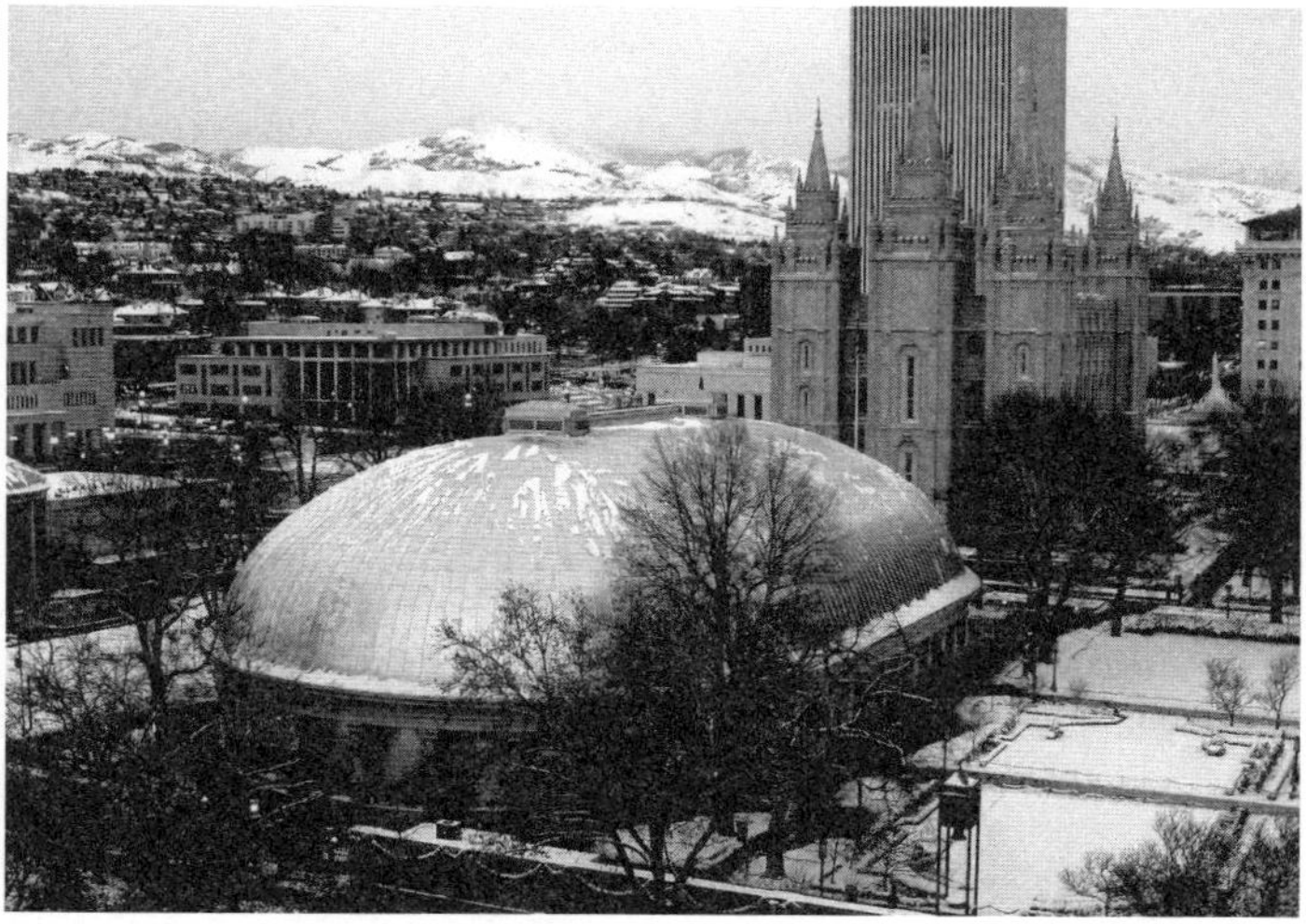

【図４－２】アメリカのユタ州にある教会の施設、ソルトレイク・タバナクル

From Wikipedia：SourceLink：http://commons.wikimedia.org/wiki/File:S.L._Tabernacle_on_Temple_Square.jpg

としても有名である。ここに音響関係では非常に興味深いソルトレイク・タバナクルと呼ばれる、楕円形の建物がある【図４－２】。教会の隣で、祭壇を設けてある会館で、パイプオルガンがそなえつけられ、地元の合唱団が歌う。私も１９８０年代にアメリカ横断旅行をしている時にこの街に寄り、何かのきっかけでこの建物のツアーに参加した。１番前にある演壇でガイドの人が小さなピンを落とすと、この会館内のどこでもその音が鮮明に聞こえる。もちろんマイクもスピーカーも使わない。音の反射を巧みな建物のデザインで効果的に響くようにしているのである。

一般に、残響や反響などは部屋の中で音楽を流したりすれば必ず存在する。

ただし、音は毎秒340メートルほどで進むので、この反射音は普通の大きさの部屋の中では、非常に短い遅れで存在する。一般に人間は0・1秒以上の差があれば、別の音と認識するようであるが、それより短ければ同じ音が重なり合って厚みを増したように感じる。この遅れや残響の強さが適度であれば、カラオケのエコーのように自分の声に豊かな響きがあって、歌がうまくなったように感じる。

エコーを発生する仕組みも、基本的には入力された音声を、短い時間遅らせてフィードバックして遅れのない出力音声と重ねている。以前はテープレコーダーで磁気テープ上に記録した音を、テープをたるませながらループさせたりして遅れの時間を調整し、それを再び読み取って出力していたらしい。最近はデジタル回路で短い記憶をさせたり、出力の音がさまざまなホールの音響を再現できるように調整がされていたりする。クイーンのギタリストであるブライアン・メイの演奏については冒頭でも触れたが、この分野での技術の進歩も目覚ましい。自宅で映画を見る人には、7・1チャンネルの映画館のようなサラウンド音響が楽しめるようになっているオーディオアンプがあるが、ここではまさに様々な遅れや強度の調整されたフィードバック音響の技術が使われている。遅れは人を良い気分にするのにも活用されているのである。

経済における遅れ——Jカーブ効果

2013年ころからの大幅な金融緩和によって、円安となり輸出関連の製造企業もだいぶ息をついた形となった。この為替の変動から、輸出入の変化にも一定の時間の遅れがあることが知られていて、「Jカーブ効果」ともいわれる。自国通貨が安くなると、海外からの輸入品は国内でより高くなり、輸出品は海外で安くなる。かつては米1ドルが80円の時もあったので、8000円の輸出品であれば、アメリカでは100ドルであったが、1ドル100円になれば80ドルになる。逆に輸入品は、100ドルのものは8000円で買えたのが、10000円となってしまう。

この、価格調整などには通常半年程度の時間がかかるといわれるが、結果としては輸出が伸びて、輸入が減るというのが一般的である。輸出入の収支で見れば、赤字の時、つまり輸入が多い時に自国通貨が為替安になると一時的にはより赤字が膨らむが、しばらくすると輸出の伸びによって収支が黒字に変わる。概念的には【図4－3】のようになる。この1回下がってから、上にあがる形がJの文字の形と似ているのが名前の由来である。

しかし、アベノミクス以降の円安では、このJカーブ効果が未だ得られておらず、貿易収支の赤字が継続している。経済産業大臣などもコメントしているように、さまざまな要因があると考えられる。海外からの原油、ガスなどのエネルギー資源輸入が円安にもかかわらず、東日本大震災のあとで減少させることができない事情もある。一方、アメリカでは、シェールガス革命で、エネルギー基盤が拡充して、これが失業率の低下などの好影響を生んでいる。

かつて日本が第2次世界大戦に入っていった背景には、大地震、大不況、エネルギー状況の厳しさの3点の大きい要因があったと感じている。不幸にして、昨今もこの3要素が揃ってしまったが、危機からの脱却には、やはり遅れがない方が望ましい。

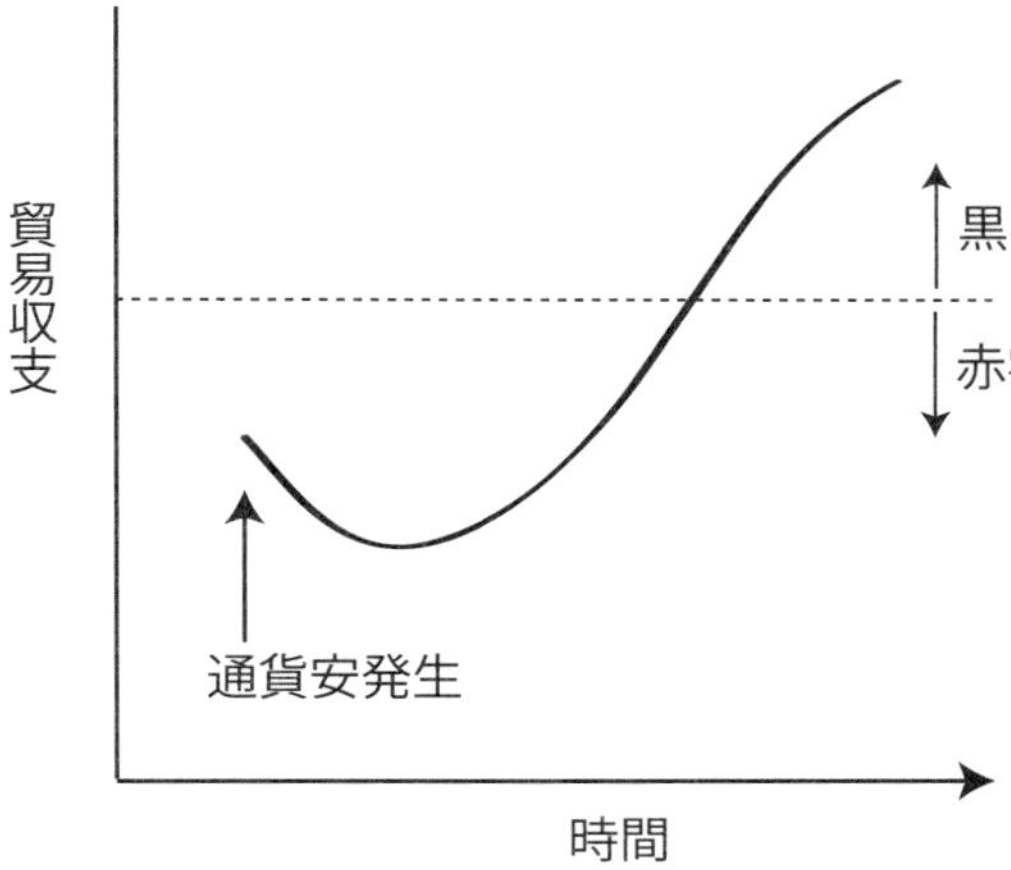

【図４－３】Ｊカーブ効果の概念図

カネになる「遅れ」

石ノ森章太郎による「サイボーグ００９」という SF 漫画があった。残念ながら完結編を前にして著者は亡くなってしまったが、作品はアニメにもなり、２０１２年には最新作として映画にもなったので、私ぐらいの世代から若い人たちまで、ご記憶の方は多いと思う。世界のいろいろな国から集まった９人のサイボーグたち、半分が機械という悲しみを抱えながら、平和の戦士として、それぞれに拡張された個性ある能力を活かしながら、時には１人で、時には力を合わせて悪と戦うという主題である。私は子供の頃にテレビで見たこのアニメが大好きで、今でも時折いくつかのシーンをビデオなどで見返している。子供心に異国の文化なども感じ、憧れさせてくれる物語でもあった。

この９人のサイボーグのリーダーにあたる０

09は日本人の島村ジョーである。彼の拡張された能力は「加速装置」として埋め込まれ、奥歯にあるスイッチを入れると、非常に高速に移動することができる。彼から見れば周りの動きがビデオのコマ送りのように遅く見えて、この時間の差を使って、敵を倒したり、危機を脱するのである。敵から見れば、自らの動きの時間遅れのために009の動きが見えずに、気がついた時にはやられているという構図である。

さて、009は正義の味方であるから良いが、もし、周囲の人に気付かれずに物事を成し遂げられる、この能力を普通の人が持っていたら、多少の邪心が生まれても不思議ではない。実際、最新作の2012年の映画の予告を兼ねた、飲料水の宣伝ビデオ・クリップの1つでは、009が麗しきフランス女性サイボーグの003、フランソワーズ・アルヌールを、この能力を使ってからかっているシーンがある。

こんな「加速装置」の話は空想の話で、こんなところで「遅れ」を持ちだされても、数理の問題を身近に感じさせるための、いつもの小話にしか過ぎないとも思われるだろう。しかし、この「遅れ」を利用した構図は現実に存在し、それどころか、「邪心にまみれて」大いに「金になる」もしくは「金になった」のである。それは、「フラッシュ・トレーディング」という、近年ときおり耳にするようになった金融取引の手法である。

まず、簡単に取引市場について触れよう。理想化された市場では、ある商品——例えば特定の会社の株式——を売りたい人と買いたい人がフェアに取引できる場を提供する。市場の参加者はいくらで、どれだけの量を売りたいか、もしくは買いたいかを、証券会社などのブローカーを通じて市場に伝達し、市場では売買の価格と数量に合意があった時に取引が成立する。ここでフェアな取引が行なわれるためには、市場参加者には皆公平に、この売り買いの意思表示と、売り買いを行使する等しい機会が与えられている必要がある。また、関連する情報もすべて公開されている必要がある。これを完全情報のある市場と言うが、直ぐにお分かりのように、これはあくまで理想であって、現実にはこのような市場が成り立っているとは言いがたい部分もある。

例えば、一部の人だけがある株式の発行会社に関する情報を持っている可能性は十分にある。それが職務などに関係しており、その情報を自身の金融取引に自らを利すために使えば、インサイダー取引として罰せられる。数年前、経済産業省のキャリア官僚が、自ら担当する半導体企業の合併の情報をもとに、奥さんの口座で取引をしたという、なんとも情けない事件があった。

これだけでなく、完全でない市場を取引ルールで規制して、よりフェアな取引状況に近づけようという努力は、様々に施されている。しかし、まさに生き馬の目を抜くこの世界では、いつでも抜け穴などが開拓されていて、規制当局とのイタチごっこになっている。

フラッシュ・トレーディングもその1つだ【図4-4】。ここで使われるのは、市場と参加者の間の情報伝達の遅れであり、この遅れの時間に差があれば、それを使ってフェアではない取引が可能となる。委細については不明だが、この情報伝達の時間を短くするサービスがアメリカで販売されていて、メンバー費用を支払うことで、売り買いのオーダーが市場である取引所に流れる前に、0・03~0・1秒程度の間、このメンバーだけにオーダーの内容が開示されるとのことである。つまり、このサービスメンバーになることは市場における「加速装置」を手に入れる

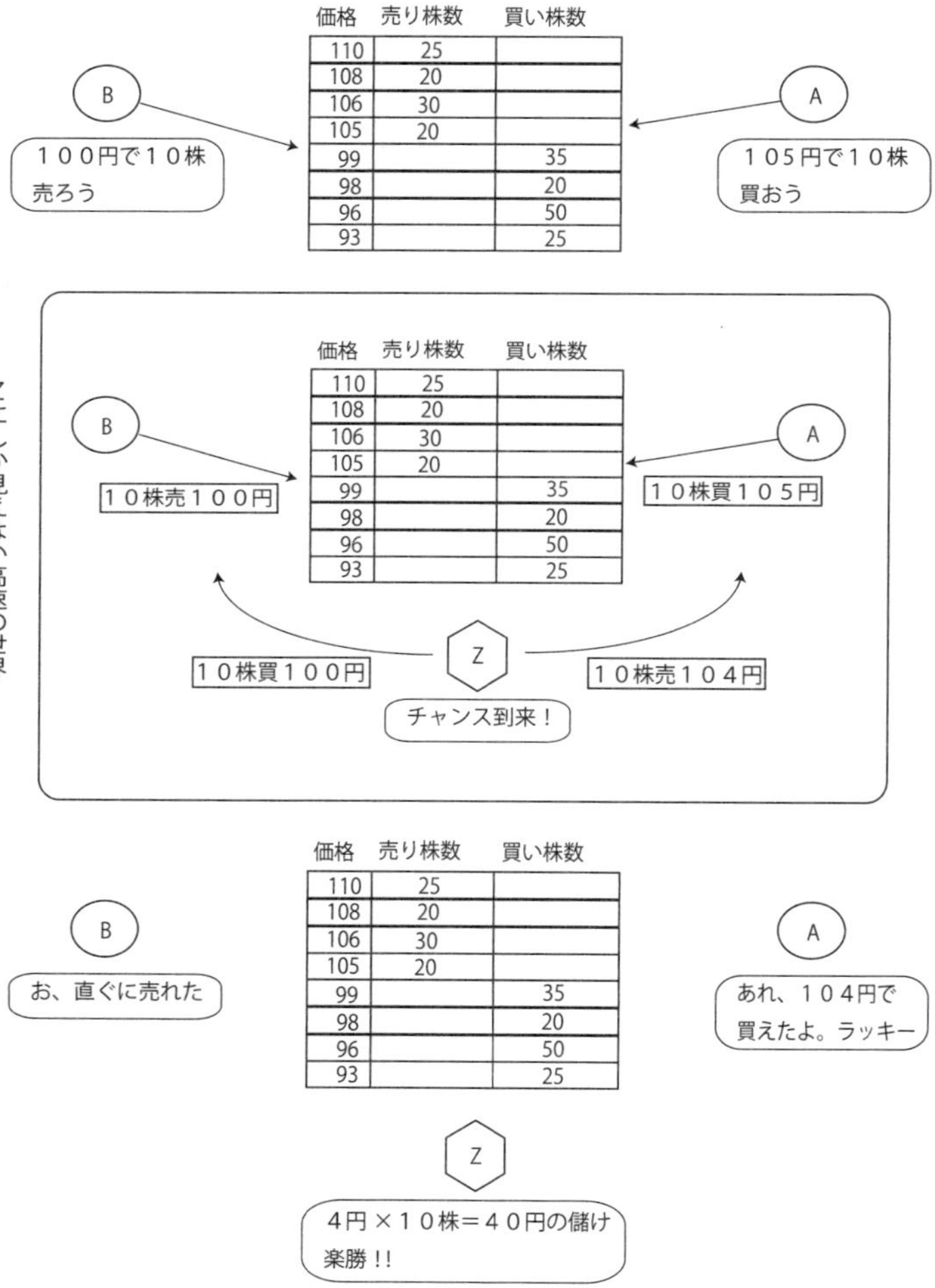

【図４－４】フラッシュ・トレーディングの仕組みの想定

ことを意味する。

前記の時間は短いように見えるが、うまく設計されたコンピュータ・システムを使えば、十分に長い時間であり、そのようなシステムを資金的にも活用や開発できる大手金融機関などだけが、現実にはこのメンバーとしての価値が生かせる。そして、彼らにとっては、オンライン取引をする一般の個人投資家などは、まさに静止に近いコマ送りにされている状況になっていたのである。この状況であれば、様々に確実に利益を出せる取引ができる。筆者でも思いつくのは例えば、以下のような状況での取引である。

1. 現状で市場に出ている株を売買したい人々のオーダーの状況は【図4－4】の通り。左側の列が売りで右側が買い希望のオーダー。現状では最安値の売りと、最高値の買いのあいだにギャップが有る。
2. Aさんはこの状況を見て、自分はこの株式が上昇すると思うので、10株を105円で買いたいと思い、オーダーをする。ほぼ同時にAさんの行動を知らないBさんは100円で10株売りたいとオーダーをする。
3. AさんとBさんのオーダーはまだ全体には公開されていないが、前記のシステムのメンバーZには、見えている。Zはすぐさま100円でBさんの株を10株買い、続けて104円で、この10株を売るオーダーを出す。この動きは高速なのでAさんBさんを始め一般投資家には見えない。

4．一般の時間のスケール（流れの速さ）に戻れば、Bさんは予定通り100円で10株が売れたと確認する。Aさんは105円ではなくて104円で10株が買えたことを見て、「あれ？」とは思うが、自分の予定より安く買えたので、たまたま誰かが自分と同時にこの売りのオーダーを出したのだろうと喜ぶ。

5．ZはAさんに10株を売ったことで、1株あたり4円の儲け（これは本来Aさんが得をする部分であった）、都合40円を何のリスクもなしに稼ぐことができ、何くわぬ顔で次の同様の機会を探っている。

前記は、AさんとBさんのオーダーのタイミングなど含めて、仮想的な場合であるが、コンピュータ・システムZにおいては通常の取引の時間スケールは、非常にゆっくりとしたものであるので、可能性としてはある。ここでのポイントはZがリスクを取らずに稼ぐことができることである。このような状況をZにとって、裁定機会があるという。「加速装置」を手にしたことで、このような、そして現実にはより巧妙な裁定機会を探し回り、高速取引を行いどんどん稼ぎまわることができる。

実際にこうした高速取引を行うようなシステムを開発することは容易ではなく、資金力もある組織でなければ不可能だ。事実2009年の7月には、報酬が非常に高いことで知られるニューヨークの金融機関の前副社長が逮捕された（『Nesweek 日本語版』2009年7月8日号「ゴールドマン1人勝ちの秘密兵器が流出」）。彼は、このシステムの開発を担当していたが、転職にあたりその技術を手土産に盗み出したというのである。システムの開発には数百万ドルが費やされたが、巨万の富をもたらしたその価値は、数億ドルといわれる。

また、このころからようやく、事実上一部の市場参加者に「加速装置」を与えるようなことは、市場原理を損なう二重構造になっていて、問題であるとの認識が広まり、米当局も規制に動き始めた（『週刊ダイヤモンド』2009年8月28日号「姿消す〝疑惑〟のフラッシュ取引、求められる超高速取引の情報開示」）。2011年3月までには前記のメンバーになるサービスの提供も終わったと言われている。しかし、現在においても実態として、どのようになっているかは不明であり、これまでこのシステムを使った市場取引で処罰を受けたとの話もないようである。

自らの標榜する、フェアな市場原理・取引の中で、ルールが明確化されていない部分を見つけて、明らかなアドバンテージを用いて巨万の利益を上げ、高額報酬を得ることは、「邪心にまみれた傲慢搾取」というべきなのか、それとも、「厳しい市場競争を生き抜く優れた能力」というべきなのか。細部の実態もわからない状況では、一介の門外学者の判断の及ぶところではないのであろう。しかし、アニメシリーズの最終回では人類のため悪と戦い人知れず流れ星となって消える009が、この「加速装置」の使われ方を聞いたら、正に「誰がために」と涙するような話であるように感じる。

なお、日本においては東京証券取引所が、高速取引を可能とする「アローヘッド」を2010年1月に稼働させた。更にコロケーションとよばれる証券会社が取引所のシステムセンターにコンピューター・サーバーを置いてアローヘッドとの間の情報伝達の遅れを短くするというサービスも開始。このサービスを活用できる大手と中小証券会社の間に格差が生まれたとの批判が出た。一般に高速取引は流動性を高めるといわれるが、コンピュータ・システムによるアルゴリズム取引は突然の乱高下を生んでいるのではないかとの指摘もある。どちらにしても情報伝達の遅れの違いが、速く動けるシステムに裁定機会を与えている可能性は否定できない。（日本経済新聞、2011年5月9日「消えゆく個人投資家、株式市場はステルス化」を参考にした）

追跡と逃避における遅れ

ほとんどの読者の方が子供のころ、「鬼ごっこ」をしたことだろう。この遊びもさまざまな形態があるようだが、基本的には、追いかける「鬼」が逃げる中の1人を捕まえると、今度はその人が「鬼」になるというゲームである。

数学者はさまざまな問題に興味を持つが、このような、追いかけると逃げるに関する「追跡と逃避の問題」にも関心を持って研究してきた。この関心の数学の問題の原型は、18世紀に現れている。

ある商船が一定の速度で直線に進んでいる。これを離れたところから見た海賊船が、この船に追いつこうとする。こちらも一定の速度で船の舳先《へさき》を常に商船に向けて動くとする。ここでの問題は、海賊船はどのような軌跡を描くだろうか？　また、追いつくとすると、どれだけの時間がかかって追いつけるだろうか？　などである。

当然ながら、商船の進む速さが、海賊船より速ければ、追いつくことができない。しかし、少しでも海賊船の方が速ければ、いつかは追いつくことができる。この速度の差が与えられたとき、海賊船の軌跡はどのようなものになるのか、また、追いつくまでにどれだけの時間がかかるのか等、が数学的な問題となる。

この問題は解くことができ、軌跡や追いつくまでの時間は数式で表現できる【図4-5】。設定が単純な割には比較的手の込んだ計算が必要で、結果も意外と複雑になる。このような面白さからか、類似の問題は数学者のみならず、一般の数学パズルのように様々に関心を持って探求された。

代表的な例としては、18世紀に英国で出版されていた『レディース・ダイアリー』に出題された問題である。この女性向け雑誌は年刊で、時節の行事についての記事やカレンダーが記載され、人気も高く100年以上も継続して刊行されていたという。この雑誌には毎年、数学の問題を出すセクションがあり、翌年にその解答と、新しい問題が出題されていた。今でいえば雑誌の後ろについていたりするパズルのような感覚である。この中の1つとして、円周上を動く逃避者を追跡する問題が1748年に出題されていた。

【図4-6】にこの問題の概要を示す。今度は逃げる商船が、直線ではなく円周上を一定速度に動いているが、海賊船が舳先を常に商船の位置に向けているという条件は同じである（ちなみにこの条件を崩せば、待ち伏せなどの様々な追跡の方法が存在する）。以前と同様に、海賊船が速ければ追いつくことができるが、そうでなければ捕まらない。結果としては、直線上の問題と違って、この場合は海賊船の軌跡を式で表したりすることができない。今はコンピュータの力を借りて、

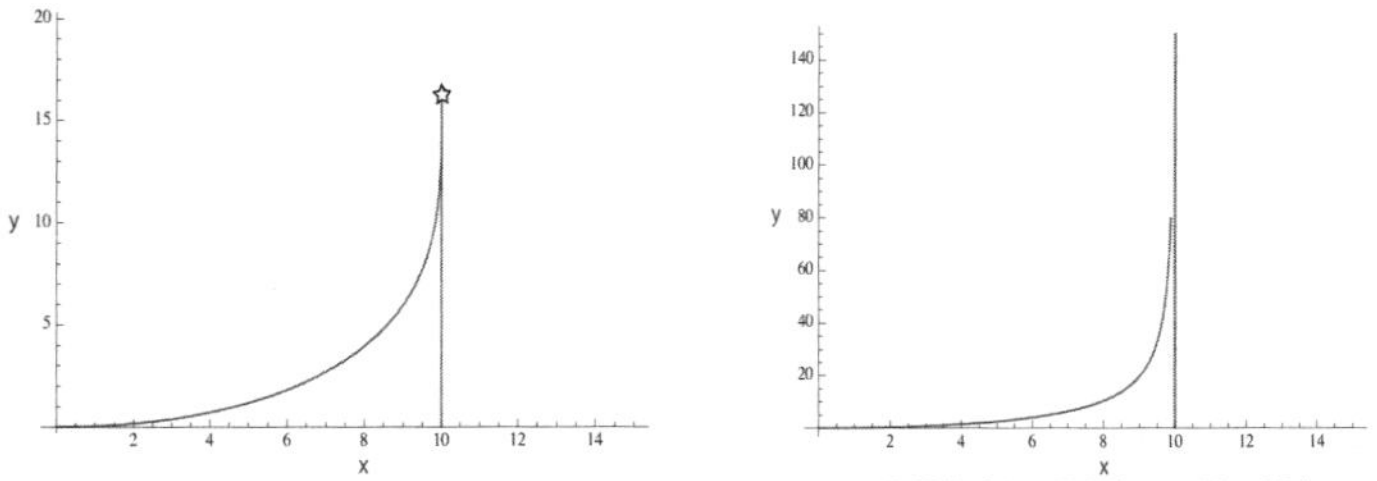

海賊船がより速く追いつける場合　　海賊船がより遅く追いつけない場合

（商船の出発点は $(0,x_0)=(0,10)$ の場合を図示している。）

商船：　$(0,x_0)$ からスタート、速さは v_t
海賊船：　$(0,0)$ からスタート、速さは v_c

速さの比を $n=\frac{v_t}{v_c}$ とすると海賊船の軌跡は

$$y(x)=\frac{n}{1-n^2}x_0+\frac{1}{2}(x_0-x)\{\frac{(1-\frac{x}{x_0})^n}{(1+n)}-\frac{(1-\frac{x}{x_0})^{-n}}{(1-n)}\}$$ （速さが違う時）

$$y(x)=\frac{1}{2}x_0\{\frac{1}{2}(1-\frac{x}{x_0})^2-\ln(1-\frac{x}{x_0})\}-\frac{1}{4}x_0$$ （速さが同じ時）

海賊船の方が速い時に商船に追いつく点は

$(x_0,\frac{n}{(1-n^2)}x_0)$　　$n<1$

【図４－５】直線を動く商船と追跡する海賊船

図示することができるが、当時の人たちはこの問題は解けないと考えた。

しかし、多くの挑戦により、証明できたこともある。例えば、追いつけない場合には、時間が経つと海賊船自身もより小さい円周上を動くようになる。さらにその大きさ（半径）は、商船の円の大きさに比べて、ちょうど速度の違いの比率と同じ比率で小さい。つまり、もし海賊船の速さが、商船の速さの半分であれば、海賊船の円の半径も、商船の円の半分である。また、この性質は海賊船の出発点が、商船の円の中からの場合でも、外からの場合でも変わらない。

これらの例に代表される「追跡

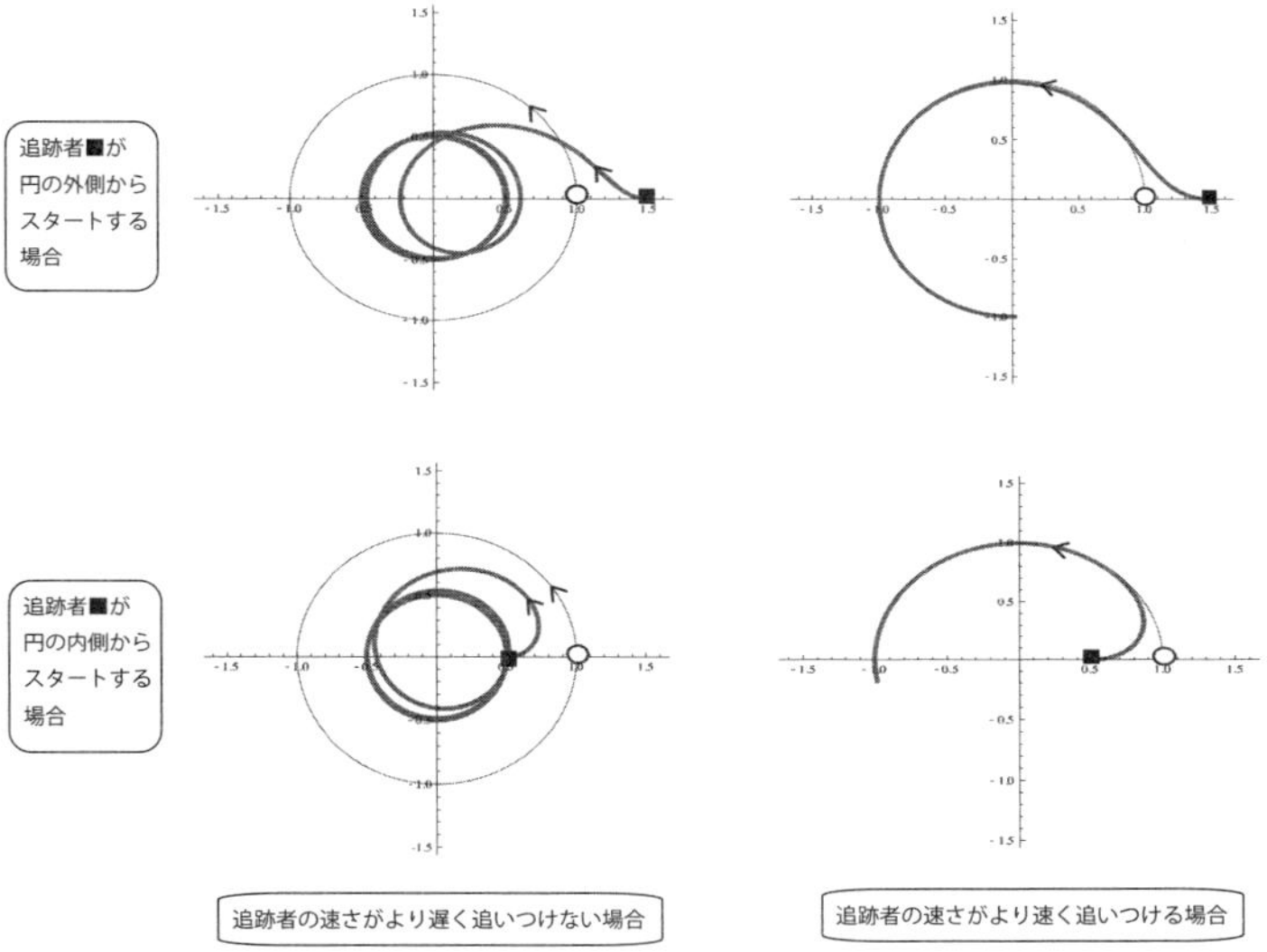
追跡者■が円の外側からスタートする場合
追跡者■が円の内側からスタートする場合
追跡者の速さがより遅く追いつけない場合
追跡者の速さがより速く追いつける場合

【図４－６】円周を動く逃避者を追いかける追跡者

と逃避の問題」は、その後も様々な展開となり、20世紀には、第3章で取り上げたゲーム理論とも融合され、「探索ゲーム」や「微分ゲーム」と呼ばれる理論が開拓された。これらの中にも、我々の日常に身近で面白い具体例が存在する。第2章で述べたように、筆者自身も、集団による追跡と逃避の問題（集団追跡と逃避）として拡張したモデルを提案研究している。しかし、本書ではこれらの展開の委細については割愛して、追跡と逃避の問題における遅れの効果について次に簡単に述べる。

　もともとの問題の設定では、追跡者は常に今見える相手の位置に向かって進むという方針を保って行動をするとする。しかし、もし相手との間の距離が、情報の伝達の速度に比べて大きいとするとどうなるだろう。この場合は追跡者が今現在に持っている逃避者の位置は、時間遅れによって、実際には過去の位置になっている。我々が地球で太陽の中心に指を向けても、それは約8分前の位置であって、実際の太陽の中心は既に少しずれている。冬の星座の代表格、おおいぬ座のシリウスは夜空に輝く最も明るい恒星であるが、地球から光の速度で約8年半程度、離れている。この8年半の間にシリウスの軌道に異常な変化があって、今の位置が我々の知り得ない場所にある可能性もある。これまでも述べてきたように、これらは我々の持つ情報が遅れの影響を受けていることによる。

では、このような状況を先の追跡と逃避の問題に組み込むとどうなるだろうか。追跡者の動く向きは、逃避者の過去の位置に向くことになる。どれくらいの過去の位置になるかといえば、それは両者の間の距離を位置情報の伝達の速さで割った遅れ時間分前の過去の位置である。つまり両者の間の距離を、位置情報が伝わってくるのにかかる時間分だけ過去の位置のみを追跡者は知っていて、そちらに向かう。位置情報の伝達の速さは、光を使うか、音波を使うかなど状況によって変わってくる。

この遅れの要素を円周上の追跡と逃避に組み込んだ結果が【図4－7】である。これらでは前記で述べた過去の位置に向けての追跡となっていて、位置情報の伝達の速さを変えている。遅れがないか小さい場合に比べて、複雑になるが、時として美しい模様も描く。数学の力でどんな時に規則性を感じさせる軌道となるのかなどを調べられればよいのだが、現状ではまだ解明ができていない。ここでは追跡と逃避においても、遅れが意外な複雑さや美しさを伴う可能性があるこ

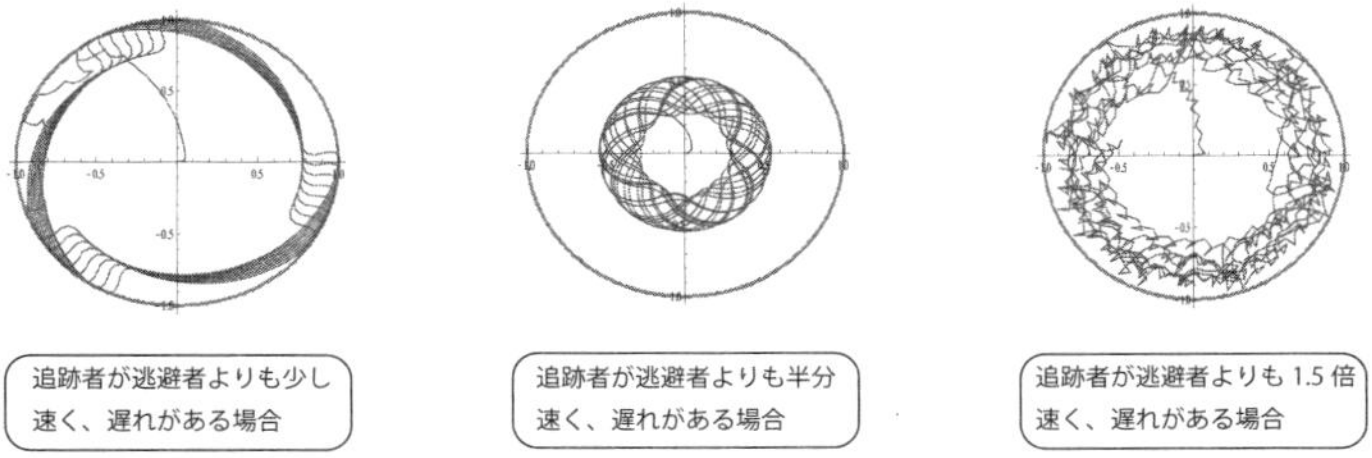

追跡者が逃避者よりも少し速く、遅れがある場合
追跡者が逃避者よりも半分速く、遅れがある場合
追跡者が逃避者よりも 1.5 倍速く、遅れがある場合

【図４－７】遅れがある場合の追跡と逃避

とを感じてほしい。

筆者は子供の頃、オリオン座など冬の夜空の星座を眺めるのが好きであった。シリウスは青白く輝く星で美しくすぐに目にとまる。将来人類が宇宙船で星を追いかけるときには、船の動きの美しさは遅れがあることでより豊かになるかもしれない。

〈まとめ〉

この章ではフィードバックの遅れを中心にしながら、その生み出す複雑な挙動について、主に現象の側面から紹介した。数学的な扱いは第6章で議論する。遅れの要素は、ゆらぎと比べると不確実さと結び付けられては、あまり考察されないが、複雑な挙動を通じて不確実さにつながり得ることを認識いただければ幸いである。

次章では、これまでの紹介を踏まえながら、遅れとゆらぎの要素をあわせた場合を考えてみる。複雑さは増して、数学的にも未開拓な部分が多く存在するが、現象としては、我々がまっすぐ立つとか、棒を指先でバランスするなどの単純な場合を取り上げて、身近さを感じてもらえるように紹介する。

第5章　ゆらぎと遅れが合わさると

ここでは話をより複雑にする。今までは、「ゆらぎ」と「遅れ」を個別に説明してきたが、今度は一緒に持ちあわせるようなことを考えてみよう。これにはある意味で無理もある。「ゆらぎ」や「遅れ」それぞれにおいても、複雑なことや、理解されていないことが多々ある。個別のことが解らないのに、一緒にしたらますますわけのわからんことになるのは確かにそうである。数学的にも、ゆらぎと遅れのそれぞれについての研究は、ある程度の歴史を持って研究されて、理解も進んでいるところもあるが、共にあわせての研究の歴史は比較的浅く、困難も大きい。

しかし、現実をみれば、この2つの要素は共に含まれていることも、まま見受けられる。金融政策変更などに対する市場取引の反応、情報が錯綜している事故や災害の報道、高速道路における渋滞情報、ウイルス感染の潜伏期間（遅れ）と発症後の病状など、程度の差はあるにしても、内容や挙動において、ゆらぎや遅れをともに含んでいる。筆者自身も車の運転をしながら徐々に感じ始めているが、加齢によるハンドルさばきやブレーキ制御の遅れやゆらぎは、今後、高齢化社会の自動車のあり方においては、社会的な課題にもなるだろう。理論的にも困難であり、よりわけがわからないとしても、考えてみることはまったくの無駄とはならないというのも、1つの立場である。ここでは、その代表例として、人間のバランス制御の実験について紹介をする。そして最後に数理のモデルについても簡単に解説する。

目を閉じてまっすぐに立つ――バランス制御（その1）

病気や怪我をした時には痛感することがあるが、我々が日常行っている何げない動きも実はかなり精巧な仕組みの上に成り立っている。いろいろなロボットが作られていて、進歩も著しいが、まだ人のように、なめらかに歩くロボットの開発には至っていない。より単純なまっすぐに立つ姿勢を保つということでも、フィードバックの制御が使われている。試しに目を閉じてまっすぐに立っていようとしてほしい。すると普通の人であれば、だいたい2、3分すると意外と揺れる。目を閉じるのは視覚情報をフィードバックに使わないためで、通常は、これにより揺れがより大きくなる。

この揺れ方は実験的に計測することができる。計測器は50センチ四方の板のようなプラットフォームで、被験者にはこの上に立ってもらい、直立姿勢を保持してもらう。この計測装置は人間の重心が、その平面上のどこにあるかを計る。人が揺れると、その点が動くので、これをセンサーで読み取り、コンピュータなどで表示するのである【図5-1】。

こうして読み取られた点の軌跡は、一見、すでに見た2次元のランダム・ウォークのように見

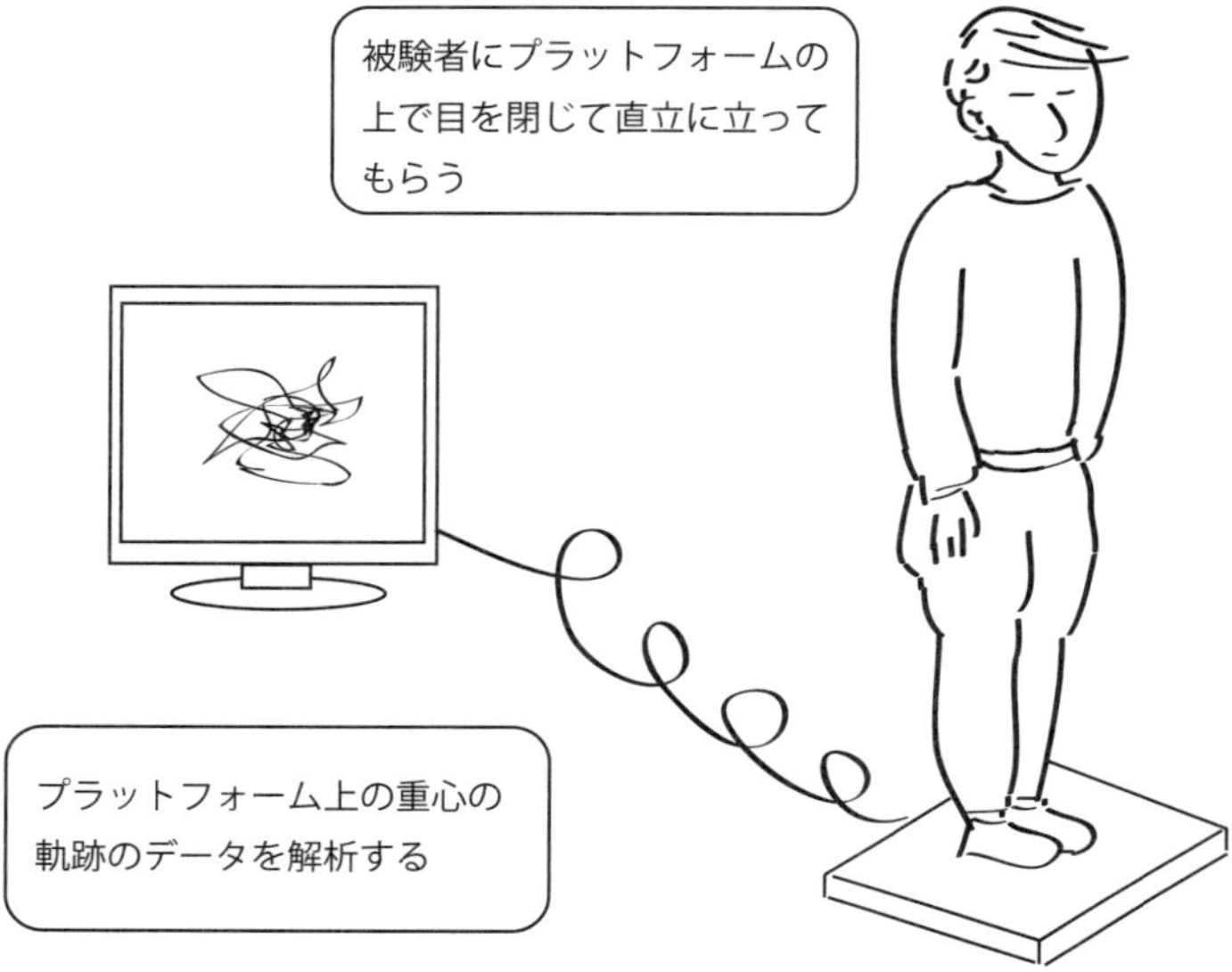
被験者にプラットフォームの
上で目を閉じて直立に立って
もらう
プラットフォーム上の重心の
軌跡のデータを解析する

【図５－１】人間の重心制御実験の模式図

えるが、だいたいある範囲に収まっている。このデータを解析することで、被験者の重心バランス機能を読み取る。一般には高齢になると、揺れ方は大きくなるが、パーキンソン病などによっても、特異的な特徴が現れるとの研究もある。

目を閉じて直立姿勢を保とうとすると、我々が傾いたということを三半規管などで検知して、それを補正するということを行っている。この検知から補正の制御の間には遅れもあるし、我々は機械ではないので、自身では制御のできないゆらぎも自然に存在する。

このように生体において顕著であるが、より広くは人工的であるものも含めて、フィードバックの制御には、典型的に「ゆらぎ」と「遅れ」が同時に含まれているると言ってよいであろう。また、すでに見てきたように「遅れ」によってもたらされるゆらぎもあるので、この2つの要素を明確に切り分けることも単純ではなく、その考察や現実的なシステム構築の困難さの一因となっている。

指先で棒を立てる——バランス制御（その2）

昔は出前といえば、蕎麦屋やラーメン屋、寿司屋などが、自転車やバイクで運んでくれた。今は「出前」よりも「宅配」と呼ばれるピザなどに押されている。子供の頃、蕎麦の出前で片手や肩の上に何段も蒸籠《せいろう》を積み上げて、バランスをとりながら配達している見事な腕前を見たことがある。アニメなどでは失敗してひっくり返してしまうようなシーンもあった。

さて、これほどは難しくはないが、適当な長さの棒を指先で立てようとするにも、ある程度のバランスの能力がいる。筆者も研究室に、長さ1メートル弱の木の棒を数本、ホームセンターで購入して置いてある。そして、訪問者にたまに、どれくらいの時間、棒を倒さないでバランスをとれるかを試してもらっている。これは人によってだいぶばらつきがあるし、練習で上達する。また、椅子に座ってやってもらうと、立って自由に動きながらバランスを取ってもらうよりも、一般には難しくなる【写真5－2左】。

椅子に座ってバランスをしてもらう状況を観察すると、あまりこのバランス制御がうまくないときには、肘や腕が大きく振動してしまう。これは遅れがあるときのフィードバック制御の典型

椅子に座って指先で棒をバランス

機械制御によって棒をバランス

【写真５－２】指先（左）と機械（右）での棒の倒立制御

的な問題である。棒の状態が傾いたのを見て、指の位置を動かそうとするのだが、普通の人であれば０・２秒程度の遅れがあり、その時には棒の状態が変わっており、補正をしすぎて逆に傾けさせてしまったりするのである。

　これは人間の場合に限らない。棒の倒立制御というのは制御工学では、基本的でもあり、典型的でもあるので、さまざまに研究されている。面白いものでは「古田振り子」という制御の研究があり映像も公開されているので、興味があれば調べてみてほしい。筆者も前職で、経験豊かなエンジニアの同僚に頼んだら、数日で、あっさりと見事に棒の倒立制御システムを作ってくれた【写真５－２右】。直線レール上を動くカート（小さな車台）の上に棒をおいて、傾きを検出してカートを動かすことで立てた状態を維持するシステムである。カートは時々小さく動いて、ほぼ静止に近い形で、棒を直立させることができた。さらにお願いして、人間と同じように傾きの検出から、カートを動かすまでに、あえて反応時間を遅らせるような回路も作ってもらい、それを作動させると、カートが左右に振動しながら、直立ではないにしても、棒が倒れないようにするという動作に変化した。遅れに起因する振動が人間の腕の動きと同じように見える。

また、制御のできないノイズも人間のほうでは顕著であり、棒を落としてしまう要因になっている。カート制御でもカートの小刻みな動きで、棒が不規則に動くことに対応をしている。単純な構成であるが、棒の倒立バランス制御も「ゆらぎ」と「遅れ」を共に含むシステムの1例と言える。

反対の手で物を振る——ゆらぎでゆらぎを制する

人間による棒の倒立制御の研究は、筆者の恩師の1人であるジョン・ミルトン教授がシカゴ大学で始められて、カリフォルニアのクレアモント・カレッジズに移られたあとも精力的に続けられていた。遅れを含んだシステムの研究や数学はカナダに強い伝統があり、ミルトン教授もカナダ人で、後述のマッキー・グラス・モデルのマイケル・マッキー教授とともに、モントリオールのマギル大学の出身である。筆者も遅れ力学の面白さをミルトン教授より学んだ。

すでに述べたように、人間による棒の倒立制御はフィードバックの遅れを含む題材としては、単純ながらも格好の実験対象であり、ミルトン教授もこの観点からの研究を進められていた。一方で、筆者は前述した確率共鳴の現象にも興味があったので、棒の倒立制御にも、この現象へのつながりがないかと、模索を試みた。

具体的にはバランスをとっている腕の肩、肘、手首などに適度なノイズを加えて、棒の倒立バランスへの影響を調べてみようと、秋葉原などであれこれ部材を購入してみた。しかし、やはり実験家でない哀しさか、振動装置を装着するような初歩的なことさえ、あまりうまくいかない。1カ月ほど、あれこれと試行錯誤をしながら、椅子にすわって時折、棒を指先でバランスしていた。

ある時、たまたま買ってあった飲料のペットボトルをテーブルの上に置いていたので、何気なくこれを反対の手で持って、少し動かしてみたら、「おやっ」と思った。それまでも棒のバランスは繰り返していたので、ある程度上達はしていたのだが、それでも自覚できるほどにバランスさせるのが楽に感じたのである。いろいろボトルの振り方を変えたりして、少し練習をすると、明らかにバランスできる時間が長くなった。

「これは面白い」と思って、同僚やインターンで研究を手伝ってもらっていた大学院生の人たち10名弱にもペットボトルを振ってもらう場合と、そうでない場合を交互に練習してもらうことをお願いした【写真5－3】。

すると全員ではないのだが、明らかにこの交互の練習とともに棒の倒立バランスが上達し、さらにペットボトルを振っている場合の方がバランスできている時間が長くなる被験者が、半数強も存在した。また、これらの人は筆者と同様に自覚的にも、ボトルを振っている方が棒のバランスがしやすいということを述べた。一方、反対の手でボトルを振って効果を感じなかった人は、もともとこのバランス制御がうまく、ボトル振りを邪魔に感じるか、逆に、このバランスがうまくなくて、どちらも同じように短い時間しかバランスできなかったタイプであった。つまり、この効果を感じる方々は中程度の棒のバランス技術を持つ人々の中に見受けられた。

この結果をミルトン教授に送ったが、「君はやっぱり紙と鉛筆で計算をしていた方がいいよ」という感じで、最初はあまり信じてもらえなかった。だが、この「実験」のビデオを送ったりして、少しは関心を持ってもらえ、彼の棒の倒立制御の実験を続けるための研究費の申請の中心テーマの中の1つに、「意図的に外部ゆらぎを加えたバランス制御への影響の研究」も加えてもらった。

【写真5－3】反対の手でペットボトルを振りながらの棒の倒立制御

幸いなことに、また筆者としては改めてアメリカの「太っ腹」に感服したことに、全米科学財団（NSF）によってこの申請が認められ、研究費がおりて、筆者も過去数年の夏に渡米して活動に参加させてもらえることになった。クレアモント・カレッジズの学生の方々や、他の研究者の協力を得て、より拡大した形で、バランス制御にゆらぎを加える実験を行った。

棒の倒立制御では、スポーツクラブなどにある、筋肉をほぐすための上下に振動するプラットフォームを購入し、この上でバランス制御を試みてもらった。また、ボトルを揺らすのではなく、足を揺らす「貧乏揺すり」のようなことを同時に行ってもらうことなども試した。さらに、物理的なゆらぎを加えることはしないが、棒をバランスしてもらう間に、ボトルを振っているようなことを想像してもらうということも実験した。

また、人間の直立姿勢を保つ制御においても、アキレス腱のところに小さな振動を加えて、重心の中心のゆらぎの範囲の大きさの変化を調べた。

これらの実験の結果では、やはりすべての被験者ではないが、ある程度の数の被験者で、意図的に加えたゆらぎが、棒の倒立や直立姿勢のバランス制御を向上させる効果がバランス時間の計測からも、被験者の自覚にも見られた。個々の結果についての委細は割愛するが、学術論文十数本にまとめて報告を行っている。

理由はなんだろう?

これらの研究は自覚的な主観も一部入るので、科学的な実験といえるかどうかの境界にあるような側面もある。しかし、やはり意図的に外から加えたゆらぎがバランス制御に有意な効果をもたらしている可能性を否定することはできない。前記のすべての実験に対して、この効果の理由の統一がない可能性も高いが、現状では下記のような仮説を考えている。

まず、棒の倒立制御は特にそうだが、不安定な対象の制御であり、さまざまなノイズも存在するので、確実な制御には、非常に短い時間の反応を要する。しかし、人間のフィードバックに遅れが存在するので、この望ましい反応時間には間に合わない。このような状況においてはフィードバックに頼りすぎる制御は必ずしも有効ではないので、適度にフィードバックの「ループ（輪）を切る」ことが、必要になると推測する。

つまり、バランス制御のように遅れが強く効いてしまうような状況では、あえてガチガチに棒のバランスを制御しようとするのではなく、適度に気を散らして、フィードバックに頼りすぎないようにするのが、結果として効果的である。そして、反対の手で、ペットボトルを振ったり、そのような想像をしたりするようなことは、このループを適度に切るのを支援しているというのが、我々の仮説である。

似たような状況として、たとえば初めて自転車に乗った時などを思い起こしていただくと、だいたい最初はハンドルを強く握り、前輪のあたりを見て、すべてをコントロールしようとして、転んだりしなかっただろうか。上達するに従って、意図的なコントロールは次第に外れていく。これも、さまざまなフィードバックへの頼り過ぎを、ループを適度に切ることで、修正できるようになるからだと考えている。

停止したエスカレーターで

この実験をやってみて感じるのは、人間というのはまったく「とろい」システムだということである。棒の倒立制御にかかる反応時間の遅れはだいたい0・2〜0・5秒程度である。これだといわゆる周波数的には5ヘルツ程度となる。今のデスクトップ・コンピュータの処理速度は周波数で測れば1ギガヘルツを超えるので、人間の処理速度はコンピュータの2億分の1程度となる。まったくもっさりとした「機械」である。

しかし、このとろい「機械」は実に様々なことができる。棒のバランスでも動きの予測などで、反応の遅れの部分を大きくカバーしていると考えられる。我々の日常の基本的な動きもフィードバックに頼らない場合が多い。時々、故障で止まっているエスカレーターがあるが、その時にその上を歩く最初の一歩は違和感を感じることがないだろうか。止まっていると頭で理解していても、体はすでに通常に動いている場合と同じように動き出しているのである。

最近はロボット技術も目覚ましく進歩したので、四脚の動物そのもののように動くロボットや、一輪車に乗れるロボットまである。しかし、個々には非常に遅い反応しかできないもっさりとした処理反応をもつ部品だけを組み合わせて、人間のようにバランスをとれるロボットが作れるかどうかは、まだ探究するべき点があると思う。

〈まとめ〉

この章では、ゆらぎと遅れの要素を合わせた場合の考察を行った。現象として人間のバランス制御という、一見何気ない身近な動作を中心に話した。また、やや奇抜なゆらぎの付加による制御の向上の可能性についてもふれた。比較的単純にみえる現象でも、未開拓なところが、ゆらぎと遅れをともに含むシステムには存在する。

この章でゆらぎと遅れの世界の、現象を中心とした紹介は一段落である。次章では、ここまであまり触れてこなかったこの世界の数理的な側面を解説していく。数式が出てくるが、身近なトピックも交えながらの紹介を心がけたので、数学の苦手な人もぜひ眺めてみてほしい。やはり辛いという方々においては、このまま飛ばして最終章に進んでいただいても、話の流れには差し支えない。

第6章　ゆらぎと遅れの数理

この章では、これまでのゆらぎと遅れの紹介に数学的な視点を加える。数式は多少出てくるが、少し踏み込んでもらうだけで、意外さと面白さはだいぶ増加する。特に確率に関しては現実的な応用も含めて広がりは大きく、いくつか話題を盛り込んだ。この章でも図を多用しながら出来る限りイメージのつかみやすい身の回りの話題と関連付けを行ったので、適宜数式を読み飛ばしながらでも眺めていただければ幸いである。

ノイズの数理

さて、すでに紹介したノイズを数理表現するランダム・ウォークやブラウン運動は、非常にシンプルに見えるが、実は意外な、また奇妙な性質も持っている。ランダム・ウォークを使って、いくつか紹介しよう。

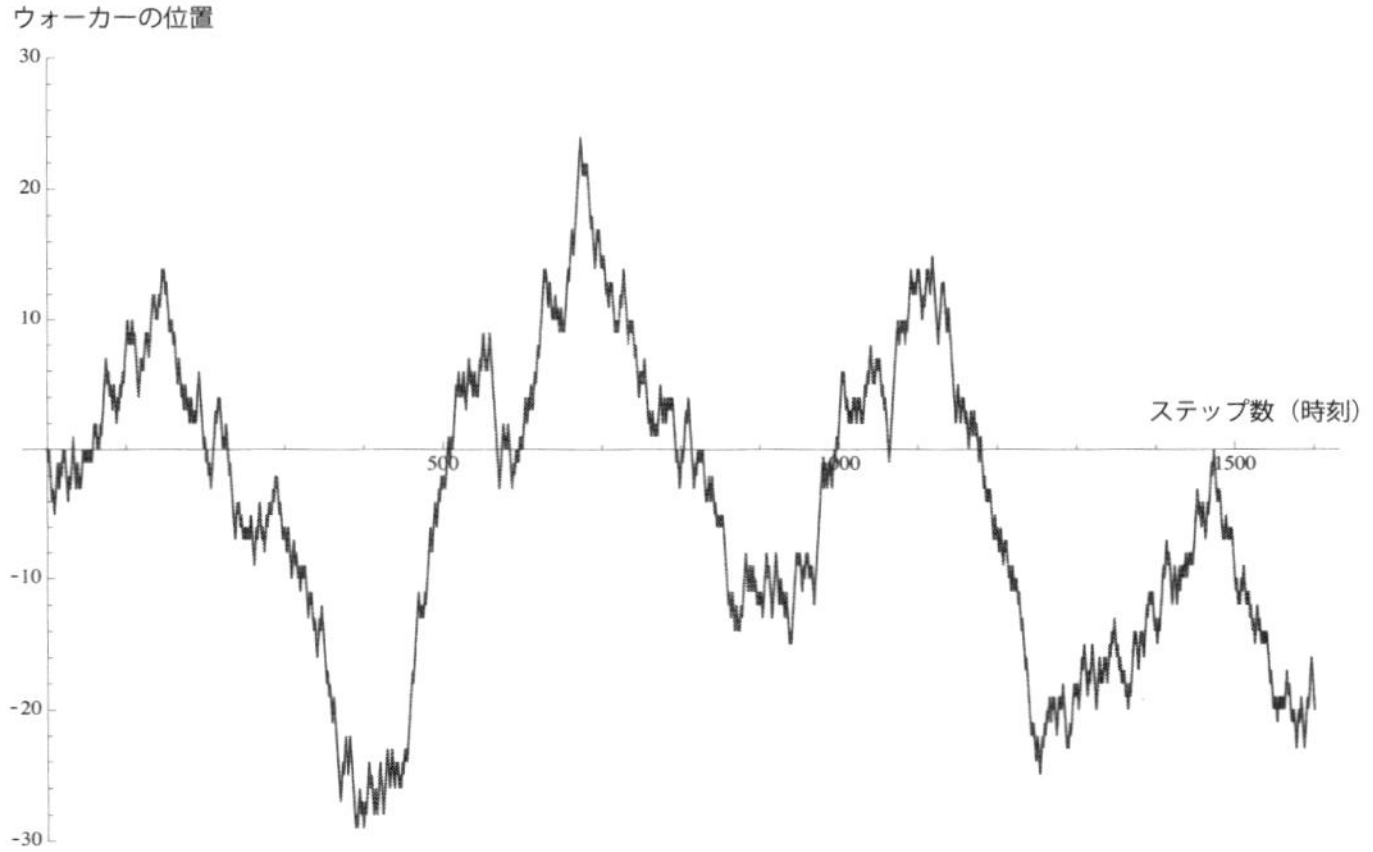

【図６－１】ランダム・ウォークの軌跡の例

原点への復帰と平均時間

直線上を移動する、１次元のランダム・ウォークを再考してみよう。原点から出発して同等の確率でのコイン投げで右に行ったり、左に行ったりする。これを別の角度から表現するために、横軸に時間のステップ、縦軸にウォーカーの位置をとるグラフを描くと【図６－１】のようになる。ここに見えるようにウォーカーは、何回か出発した原点に戻っている。

しかし、確率的な動きをしているものだから、確実にいつも戻ってくるとは限らないかもしれない。小さな確率ではあっても戻ってこない場合もあるのではないか。この疑問は数学の問題として、探究されていて、結果としては１次元のランダム・ウォークは確率１で戻ってくる、つまりいつかは必ず出発点に戻ってくると解っている。

では、平均して戻ってくるまでの時間はどれくらいになるだろう。【図６－２】にあるように、

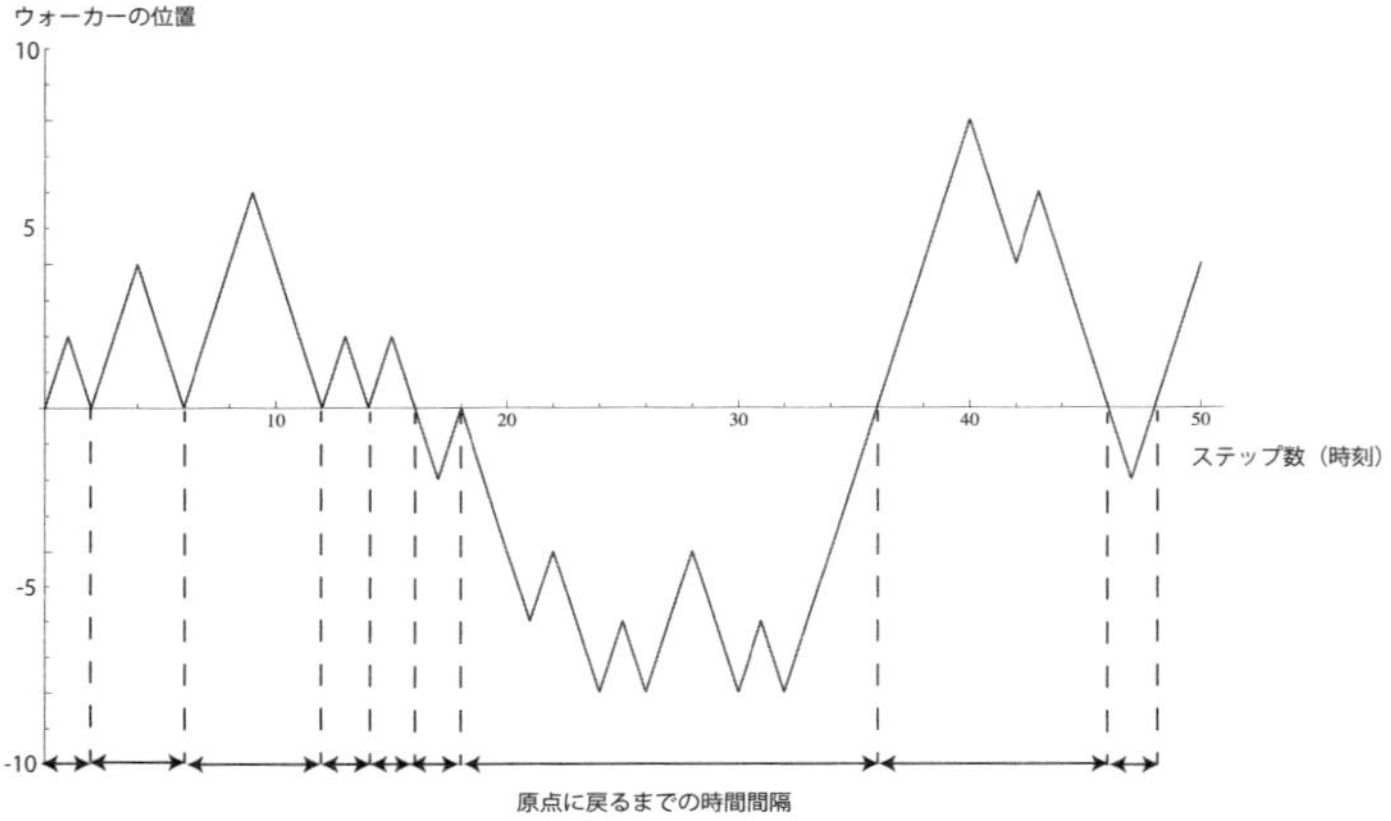

【図６－２】ランダム・ウォークの原点への回帰の様相

戻ってくるまでの時間ステップの間隔の長さを数多く観測して、これらの平均をとってやればよい。

結果は、面白いことに無限大になる。「しかし、いつかは必ず戻ってくるのに、戻ってくるまでの平均時間が無限大というのはどういうことか」と思うのは自然な疑問であり、わけがわからないとも感じられるだろう。だが、無限が絡む数学ではこういうことが起きうる。

では、この問題を2次元に拡張したらどうなるだろうか。つまり、今度は大きく広がった碁盤の目の上を1／4ずつの等確率で、左右だけでなく、上下にも動くのである。ちょうどブラウン運動でみえるような、【図6-3】のような状況になる。この時も、同じことが起きる。ウォーカーは必ず戻ってくるのだが、平均的な原点復帰の時間は無限大である。

ちなみに、さらに3次元にして、ジャングルジムのようなものの各格子点の上を、左右、上下、そして前後にも等確率で動けるような場合（つまり1／

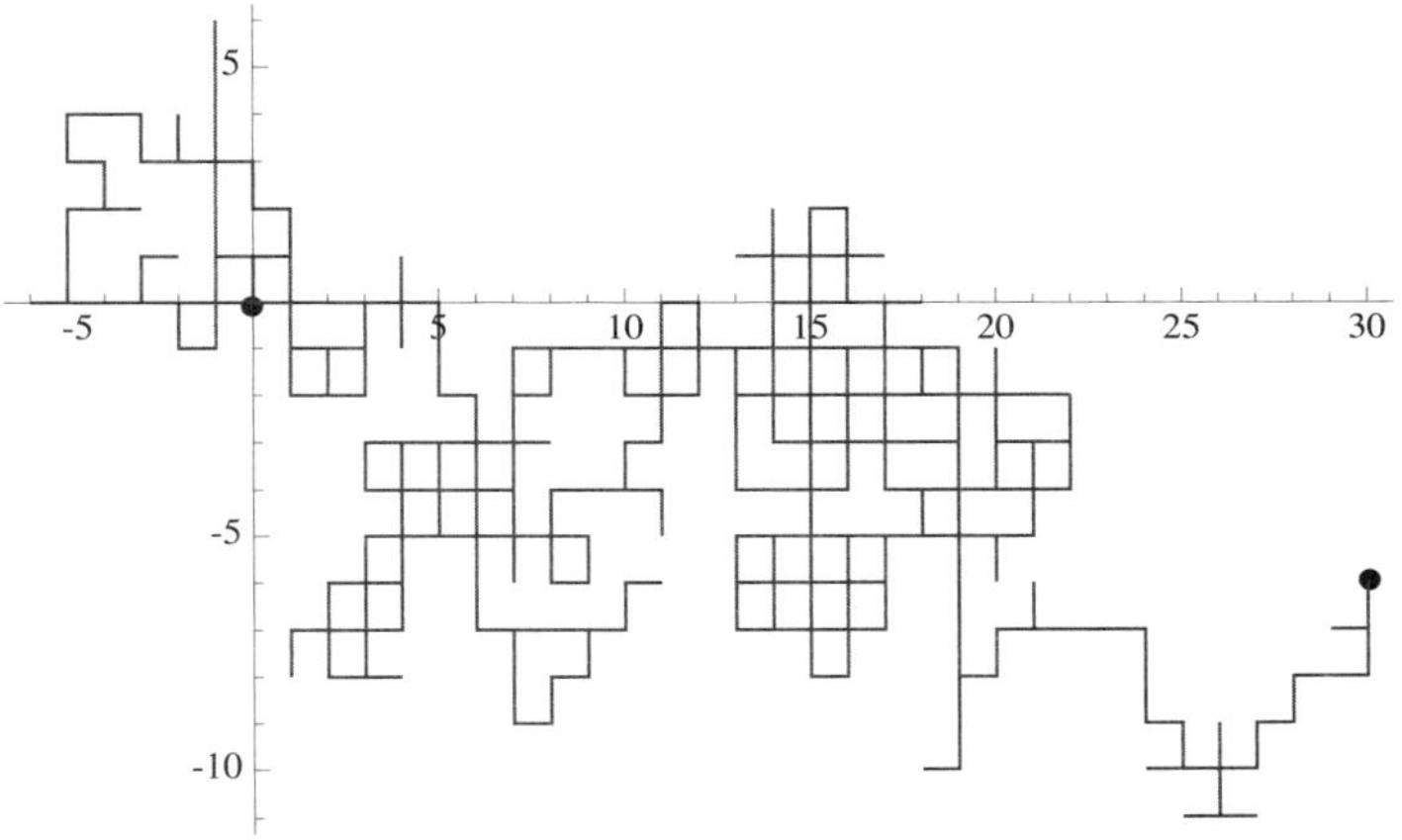

【図６－３】２次元ランダム・ウォークの軌跡の例

６の等確率で1歩動く）を考えると、今度は必ずは戻って来れなくなる。戻る確率は１／３強である。つまり、原点から大勢のウォーカーたちが出発しても、全体の２／３分程度のウォーカーたちは２度と出発点には戻れないのである。

「いつかは必ず戻る」と、果てしない広がりを持つ大平原を出発した風来坊の恋人は、確かにいつかは戻ってくる。そして、それは明日かも、来週かも、来年かもしれない。いや、それでも待つ人の平均の待ち時間は無限大なのである。

リードしている確率

将棋のタイトル戦やプロ野球の日本シリーズなど、何試合か対戦して、その結果でタイトルが決まるような試合形式がある。ここでは、このような対戦とランダム・ウォークを結びつけてみよう。

仮に全体で10戦するようなタイトル戦を考え、対戦するAとBの両者の力が文字通り互角でどちらが

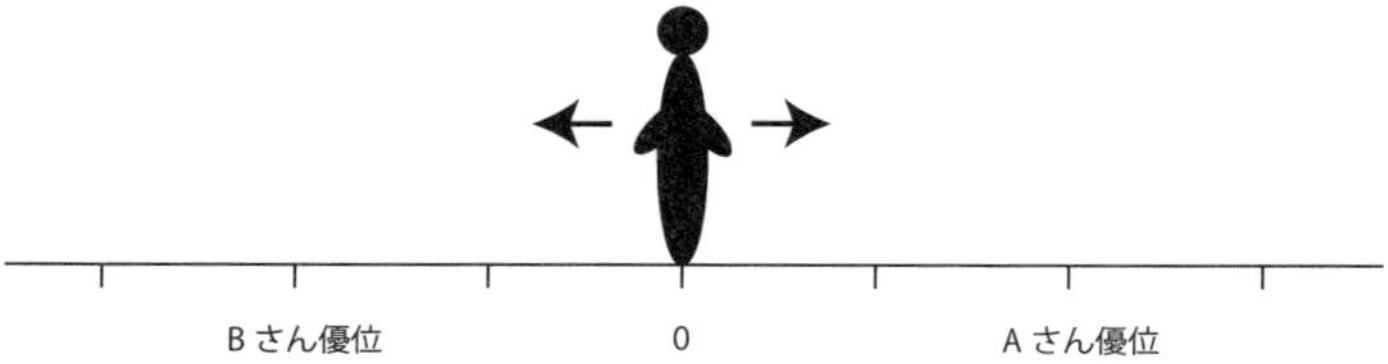

【図6－4】ランダム・ウォークによる対戦優劣のモデル

勝つ確率も1／2であるとしよう。引き分けはないものとする。さて、結果としてAさんが6勝4敗でBさんに勝ったとする。

ここで問題は、「では、この10試合の間、AさんがずっとBさんをリードしていた確率はどれくらいか」というものである。つまり、勝ったAさんが、10試合の間でずっと対戦成績でBさんより優位に戦っていた確率を考えるのである。

この問題をランダム・ウォークの話とつなげるには【図6－4】を見てほしい。これは前に挙げた図と同じであるが、原点を中心に、右側が「Aさん優位」、左側が「Bさん優位」となっている。Aさんが勝てば右に1歩、Bさんが勝てば左に1歩とする。最初は原点から出発すると、例えば2試合の結果、1勝1敗であれば、また原点に戻る。前のようにAさんの6勝4敗であれば、結果として右に2歩の位置でこのタイトル戦は終了したことになる。すなわち、このランダム・ウォークの位置で両者のどちらが優位であるかが見て取れる。原点であれば、五分五分の成績であり、右もしくは左に行けば行くほど、どちらかの優位性が強まる。

ここで、先ほどの問題に立ち返ろう。Aさんがずっとリードしていたということは、対戦が始まってから、すなわち、このランダム・ウォークは原点を出発してから、1度も原点にも、その左側に行くこともなく、ずっと右側にいて、最終的に右2歩の位置にいたということである。

この確率を求めるには、すべての対戦成績の場合と、それに対応するランダム・ウォークの動きを調べて、その中で常に右側だけにいた場合の割合を計算することである。最初に仮定したように、これがまったくの互角で等確率の1／2で勝敗が決まっている場合でも、この確率を求めるための途中の計算は少し込み入る。しかし、結果としては、

（6－4）／（6＋4）＝ 2/10 ＝ 1/5

と簡単になり、2割、すなわち20％となる。

この結果は、読者にはどのように見えるだろうか。互角の戦いで、対戦結果も五分五分の結果から少しずれただけなのに、20％の確率で勝者がずっとリードしていたというのは少し大きくはないだろうか。

対戦成績経緯からすると、勝者がずっとリードしていたのであれば、対戦者の力量に差があると感じるのが自然でもあろう。しかし、数理の見解からは両者の力が互角でも、そのようなことはけっこう起きるのである。実際に読者が、このようなシリーズ戦に参加して、1度も対戦成績を五分にすることができなかったとしても、対戦相手との力量の違いはないかもしれない。気持ちを切り替えて、次の機会に備えるのが良いというのが、この数学からのアドバイスである。次の節でもう少しこのアドバイスを補強しよう。

逆正弦定理

前節の対戦シリーズの話を拡張して、1回のシリーズでもう少し多くの対戦をすることを考えよう。とりあえず1回のシリーズが20試合としてみる。そして、今度はこの対戦の間の優位さとその時間間隔（試合数で数える）について考えてみよう。【図6－5上】は前出の【図6－1】と同様だが、今度は縦軸が優位さの度合いとなっていて、上に行くほどAが優位で、下ならBが優位である。横軸は試合数と考えてもらってよい。ランダム・ウォークで考えれば、前と同じように縦軸は位置で、横軸は時間である。さて、ここに表したのは、1つのシリーズの20試合の結果の例である。

今回、調べようとしているのはAが優位であった状況の試合数で測った時間と、Bが優位であった状況の時間である（原点にいる時は対戦成績は五分五分であるが、この試合は次の試合で勝った方の優位な試合数に含めることにする）。

この例では20試合の内でAが優位であったのは16試合分の長さで、Bが優位であったのは4試合分の長さである。これも【図6－5】にも図示した。注意してほしいのは、対戦成績自体はAの11勝9敗であり、前記の優位期間の長さとは異なることである。なお、当然であるが16と4を足すと20となるので、以降はAの優位時間についてのみ考えよう。

さて、この20試合の対戦を非常に多くの回数のシリーズ行うこととする。毎年の将棋の名人戦決勝での、棋力互角の棋士の対戦を20試合にして、Aの優位時間を記録しながらこれを数万年にもわたって行うようなイメージである。Aの優位時間の試合数の可能性は0から20までであるの

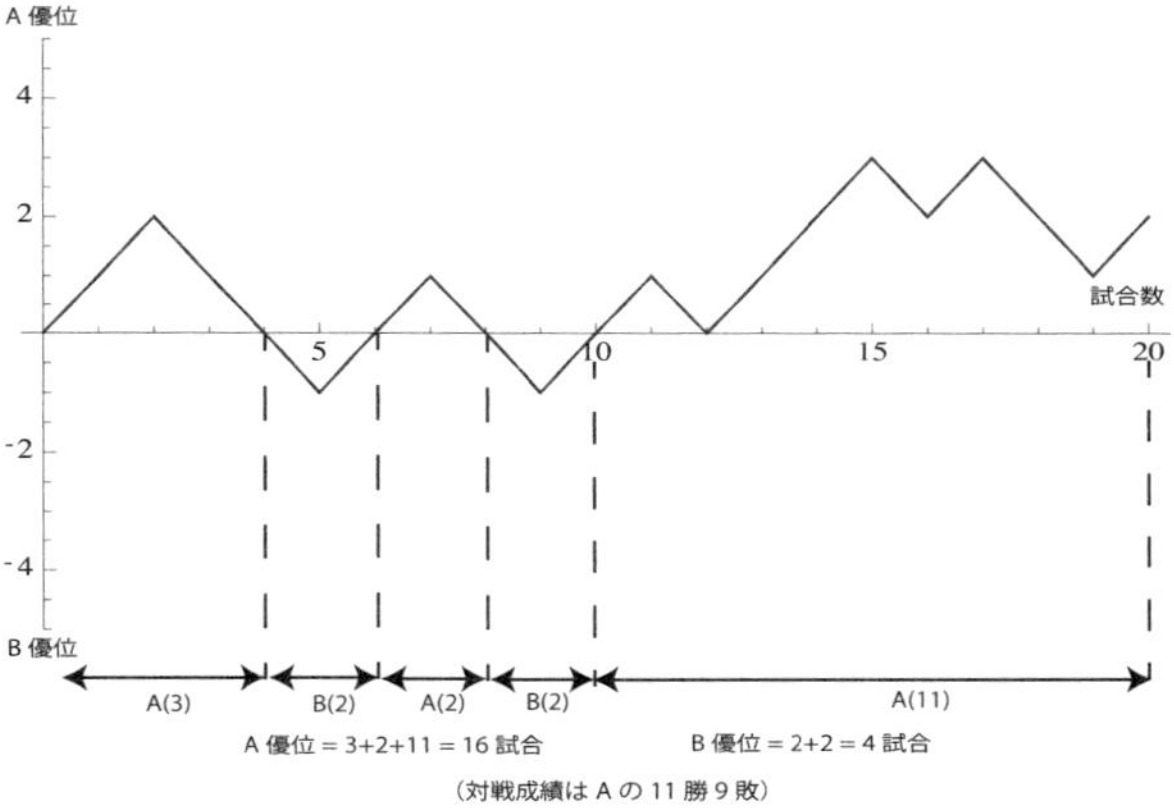

A 優位試合数	0	2	4	6	8	10	12	14	16	18	20
確率	0.176	0.093	0.074	0.066	0.061	0.060	0.061	0.065	0.074	0.093	0.176

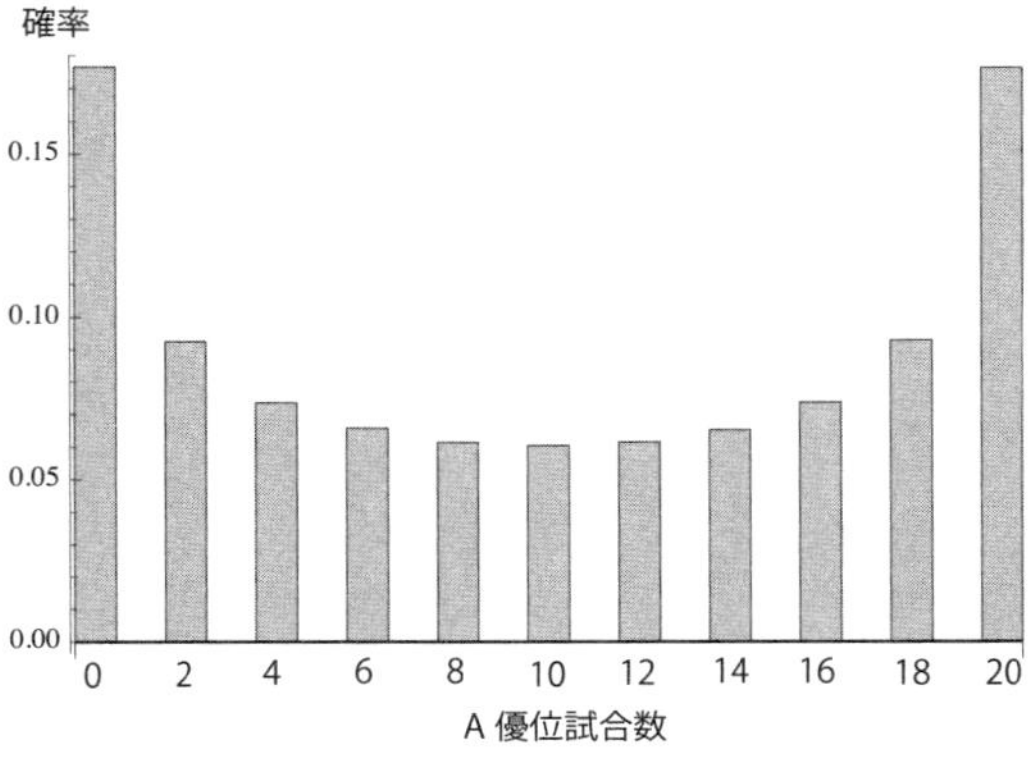

【図6－5】ランダム・ウォークによる対戦優劣のモデルと優位試合数の確率分布

で、各シリーズごとにこの中から1つの数字が記録される。とりあえず100万個の数字が得られたとしよう。

さて、0から20までのどの数字が最も多くこの100万個の中に現れるだろう。「これは簡単で10だ。なぜならAとBの力量は互角だから、優位な時間も半々だろう」というのがまず常識的な答えである。また、同じ理由で極端に一方的な0や20という数字は、ほとんど現れないだろうとも類推できる。

しかし、数理は奇なりで、実は理論からも実験からも結果はまったく逆となる。この記録において、100万回の中で0から20の数字の現れる頻度を確率として計算すると【図6－5】中段の表になるのである。なんと、10となる確率が最も低く、さらに一方的な結果である0や20が最大になるのである。この表を確率分布として描いたのが、下段のグラフである。なお、このグラフが10を境にして左右対称であるのは、等確率で勝ち負けする2人をAとBと名付けることの対称性、つまりどちらをAと呼ぼうが、それはこの問題の性質には影響を与えないことを意味する。

これは直感的にはうまく説明することが難しく、単純なランダム・ウォークの示す最も不思議な性質の1つであり、相応にいかめしい「逆正弦定理」という名前が付いている。個々の試合は五分五分の対戦であっても、積み重ねるとどちらか片方が優位状況になることの方に偏りが生まれることがあるのである。

力は互角であってもシリーズ対戦の「流れ」のようなものが、結果によく現れることが多いのである。逆に言えば、一方的であるような状況やトレンドがあるような状況でも、1つ1つの試合結果やウォーカーの動きが等確率でないとは、直ちには言えないのである。

確率の数理

確率はゆらぎやノイズに伴う、一見とらえようのない現象の複雑さの中に、「法則性」を導き出すために重要な役割を持つ数理的な概念である。第3章で述べたように、この概念自身にも複数のアプローチがある。数学的には20世紀に入ってからと比較的「最近」に公理的なアプローチが整備されたこともあって、集合論、解析論、測度論などの様々な知識も織り交ぜられているので、難解な部分も多い。本書では我々が中学校や高校で親しんだ古典的な組み合せ的アプローチだけで話を進めてきた。

ここでは、このアプローチで重要になる「順列と組み合せ」について紹介する。続いて、比較的身近で問題設定の理解のしやすい例題を取り上げる。これらの問題は確率の面白さの1つである「意外な数字」を出してくれる好例となっている。章の後半は少し高度になるが、確率を論じるときに重要な概念である「独立性」や「条件付き確率」を議論し、これを踏まえて、身近ではありながらやや複雑かつ意外な結果をもたらす応用例をいくつか紹介する。

順列・組み合せの問題

読者の中には受験勉強などで「順列・組み合せ」の問題ということに親しんだか、頭を悩ませた方々もいるかと思う。筆者も概念としては解らないでもないが、ちょっと込みいった場合には、今でも時々こんがらがる。ただ、この問題に関しては押さえるべき2つのポイントは少し見えてきたような気がする。

その2つのポイントとは、「順番区別が必要か」「繰り返し（重複）があるか」である。この2点について注意しておくと、「順列・組み合せ」は少し見通しがよくなると思うので、これらを強調しながら、いくつかの具体例を紹介していきたい。

順列——順番を区別して列を作る

まず3人の人を1列に並べる並べ方の場合の数を考えよう。先頭に来る人は3通り、次に来る人は2通り、最後には残った1人なので、

3×2×1＝6通り

となる。これをより一般化してN人の並べ方の場合の数は1からNまでの数字をかけたものになる。これをN!として表記する。先の例では3!＝6で、例えば5!=120である。

さて一般の順列の問題では、もう少し複雑で一部を選んでの並べ方の場合の数を考える。

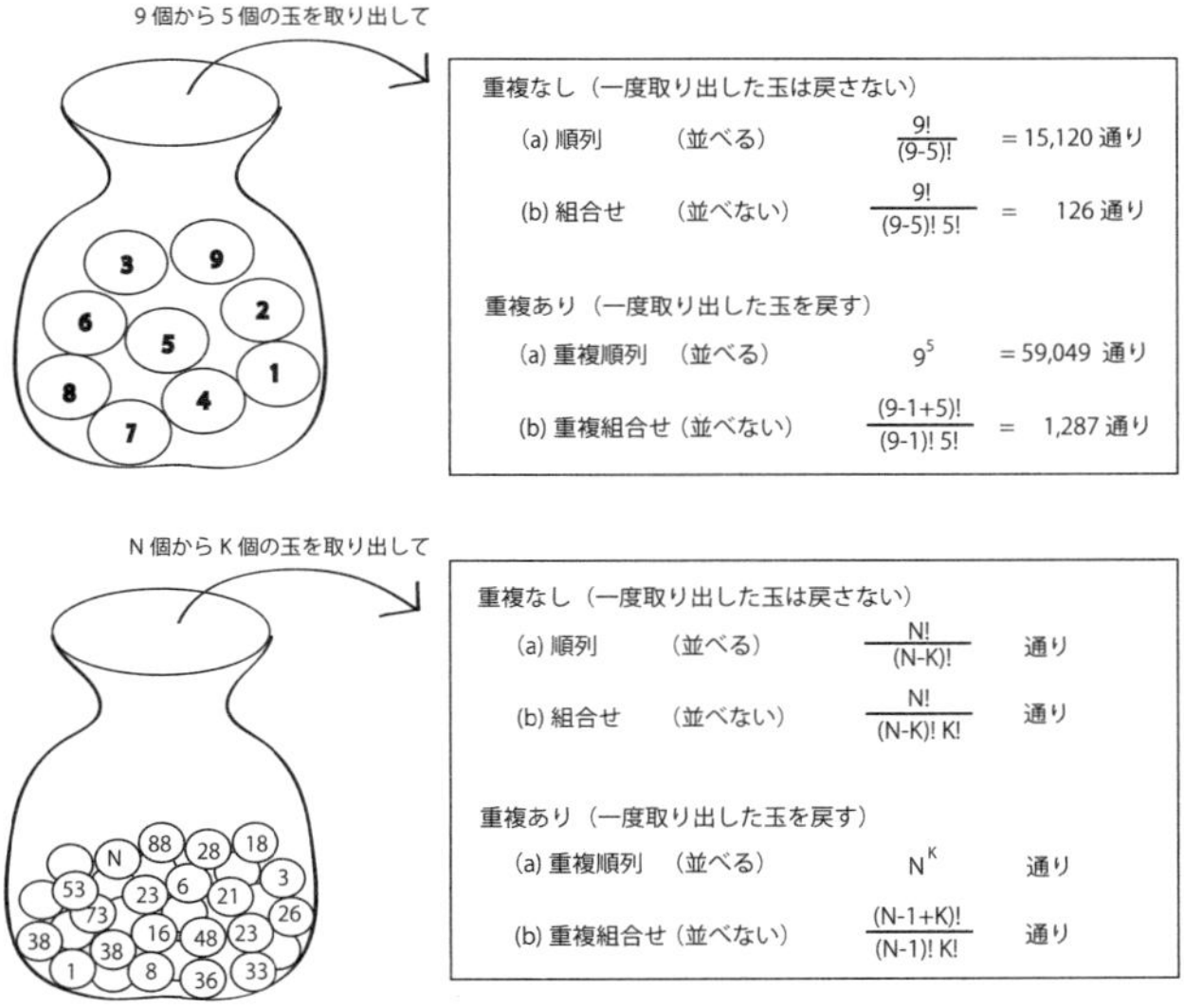

【図6－6】順列と組み合わせのまとめ

例えば、以下のような問題である。

「9人の集まりから5人を抜き出して並べる並べ方は何通りあるか」。さて、この問題は前の例と同じように考えて、まず先頭に立つ人は9通り、次に立つ人は、先頭に立つ人以外の8通り、なので、

$9\times8\times7\times6\times5=9!/4!=15{,}120$ 通り

の並べ方があると考える。この同じ数字は9!を4!＝(9－5)!で割っても得られることを、上の式でも示した。

ここでは問題の題意から、並べ方なので順番区別は必要である。そして、同じ人は2度選ばれないので重複はないという2点が背後に使われている。【図6－6】に示したように、確率論の議論ではよく壺から玉を取り出すという設定が使われるが、この問題は、「壺の中に区別のできる9個の玉がある。ここから5個の玉を1つずつ取り出して、並べるときの場合の数はいくつか。ただし、1度取り出した玉は壺の中に戻さないとする」という言い方で表現される。こちらでは「重複」を許さない点が強調されているところに注意されたい。

この問題を一般にして、N個の中からK個を選んでの順列の場合の数として考えると

N×(N−1)×(N−2)×……×(N−(K−1))＝N!/(N−K)!

という形で書ける。

組み合せ——順番は気にしないで選び出す

順列においては順番区別が重要であったが、そうでない場合もある。例えば、バスケットボールの先発選手を選ぶために、「9人の選手から5人を選んでチームを作る場合の数はいくつか」というような問題では、選んだ選手を特に並べる必要はないであろう。このような問題を「組み合せ」という。

考え方としては、順列の場合の数は既に求めたが、ここでは選ばれた者の順番区別を無視するので、選ばれた5人の並べ方の数を求めて、その数で順列の場合の数を割ってやれば良いことになる。選ばれた5人の並べ方は5!=120通りなので、順列で既に調べた結果を使うと、

(9×8×7×6×5)/5!＝(9!/4!)/5!＝15,120/120＝126通り

となる。逆に考えると5人を選ぶ方法は126通りあり、そのそれぞれのチーム構成で1列に並ぶ並び方は、120通りあるので、順列の場合の数は126×120=15,120通りもあるといえる。

また、この問題は、壺と玉の設定では「壺の中に区別のできる9個の玉がある。ここから5個の玉を取り出す場合の数はいくつか。ただし、1度取り出した玉は壺の中に戻さないとする」という問題になる。一般にはN個の玉からK個を取り出す場合の数となり、これはN!／((N－K)!×K!)通り、として計算をすることができる。

重複順列——同じものを繰り返してもよい順列

順列において、繰り返して同じ要素を使うことを許す、すなわち重複を許す場合を重複順列という。例えば「繰り返し使える1から9までの数字を用いて、5桁の整数を作る場合の数」という問題が、この重複順列に当たる。

壺と玉の設定では「壺の中に区別のできる9個の玉がある。ここから5個の玉を1つずつ取り出して、並べるときの場合の数はいくつか。ただし、1つ取り出す毎にそれと同じ玉を壺の中に加えるとする」という問題となる。ここでは5回すべて9通りの中から選べるので、

$9 \times 9 \times 9 \times 9 \times 9 = 9^5 = 59{,}049$ 通り

の場合の数（9の5乗）が存在する。順列においては重複を許せば場合の数はより大きくなるという自然な結果となる。

重複組み合せ——繰り返しを許して選び出す

組み合せにおいても重複を許す場合の数を考えることができる。これを「重複組み合せ」とい

う。例えば、「繰り返し使える1から9までの数字から5つの数字を取り出す場合の数」という問題がそうである。この問題も前記と同じように重複順列の場合の数を5つの数字の並べ方の場合の数で割ればよいかというと、残念ながらそうではない。同じ数字が現れる場合には並べ方の数の数え方がより複雑になるからだ。

このため、ここではこの重複組み合せの場合の数の結果だけを述べる。「壺の中に区別のできるN個の玉がある。ここからK個の玉を取り出す場合の数はいくつか。ただし、玉を取り出すごとに同じ玉を壺に入れるとする」という問題は、実は下記の重複がない組み合せの数と同じということが示せる。「壺の中に区別のできるN＋K－1個の玉がある。ここからK個の玉を取り出す場合の数はいくつか。ただし、1度取り出した玉は壺の中に戻さないとする」。この場合の数は、すでに求めたように(N－1＋K)!／((N－1)!×K!)通りとなる。N=9でK=5の時は、1287通りとなる。こちらの組み合せにおいても重複を許す方が、場合の数は大きくなる。

順列・組み合せを眺めて――9から5を選んだり、並べたり

以上、4つの区分で場合の数を眺めてみたが、我々が日常的に扱う確率の問題は、順番と重複の有無に着目しながら、これらを注意深く計算することで、ほぼカバーできると考えてよいであろう。

【図6－6】をもう一度ご覧いただきたい。興味深いのはこれらの例では「9個の区別できる要素から5個を」ということでは共通しているのだが、結果として出てくる数字が、組み合せの1

26通りから重複順列の59049通りと2桁違う幅を持っていることである。

これは、確率の計算をするときに場合の数を取り違えて考えてしまうと、結果に大きな誤りが出ることを意味する。また、筆者の感覚では、順番や重複の有無だけで「9から5」という同じ状況から、これだけ違いのある数字が生み出せるのは面白いと感じるのだが、いかがだろうか。

また、本書では議論しないので補足ではあるが、「区別できる要素」か「区別できない要素」であるかも実は重要なポイントである。ミクロな世界を記述する量子力学においては、個々の粒子の区別が原理的にできないことになっていて、場合の数の数え方が異なり、これが量子力学の理論を我々の日常から引き離し、深遠にする大きな要因になっている。

容器から飴玉をとりだしたり、並べたりするような、そんな幼児にもできることを丁寧に考えていくだけでも、さまざまに数理の世界は広がるのだということを、次節に述べる具体例などを通じて感じていただきたい。

順列・組み合せの応用例

ここでは、前記の順列・組み合せを使って、いくつかの身近な問題を紹介する。これらの例では具体的に、やや「意外な数字」が出現することや、推定においての有用性を示す。

委員会の問題

人の集まりをいくつかのグループに分けるということは、組織では日常に起きることである。ここでは21人を8人、7人、6人の3つの委員会に振り分けるという場合の数を考えてみよう。委員会の中で特に人に序列をつけて並べるようなことをしないのであれば、組み合せの考えを用いて次の【図6－7】ように計算できる。

たかだか21人の人を3つのグループに分けるだけで3億5000万近くの場合があるというのは意外に大きい数字と感じられないだろうか。もし、このグループ分けを公平なくじなどで行った場合には、3つの委員会の構成がまったく同じになる可能性は非常に低い。小学校の教室での班分けなども同様と考えることができる。

また、最後の計算において式の形が単純化されたことにも注目されたい。一般に区別のできるN個の要素を、それぞれの個数を指定してM個のグループに分ける方法は【図6－7】の最後の式で表すことができる。なお、前述した「9人から5人を選ぶ」ということは、「9人を5人と4人の2つのグループに分ける」ということと同じであり、先に述べた場合もこの式の単純な場合の形になっている。委員会の問題は組み合せの問題を拡張した問題であるといえる。

誕生日の問題——再考

第3章で紹介した「誕生日の問題」をここでもう1度考えて見よう。問題は「同じ誕生日を持つ人が少なくとも2人以上いる確率が5割を超える集まりになるには、何人の人がその集まりに

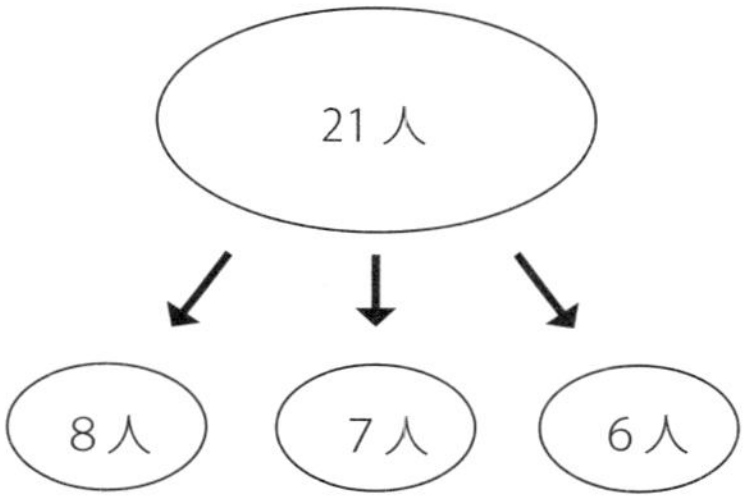

1. まず 21 人から 8 人を選ぶ
2. 残りの 13 人から 7 人を選ぶ、これで残りの 6 人も決まる。
3. 上記の (1) と (2) の場合の数を掛け合わせる。

これを実行すると

1. $$\frac{21!}{(8!)\times(21-8)!} = \frac{21!}{(8!)\times(13!)} = 203490 \text{ 通り}$$

2. $$\frac{13!}{(7!)\times(13-7)!} = \frac{13!}{(7!)\times(6!)} = 1716 \text{ 通り}$$

3. $$\frac{21!}{(8!)\times(13!)} \times \frac{13!}{(7!)\times(6!)} = \frac{21!}{(8!)\times(7!)\times(6!)}$$
$$= 203490 \times 1716 = 349188840 \text{ 通り}$$

一般にＮ人をＭ個のグループ（$n_1, n_2, n_3, \ldots n_M$）に分ける

$$\frac{N!}{(n_1!)\times(n_2!)\times(n_3!)\ldots\ldots\times(n_M!)}$$

【図６－７】委員会の問題。21人を８人、７人、６人の３つの委員会に振り分け

いればよいか」であった。この問題については以下のように考える。

1. K人の集団で「誕生日の同じ人が少なくとも2人以上いる」という場合の数は「K人の誕生日のすべての場合の数」から「K人すべて誕生日が違う場合の数」を引いたものになる。

2. この計算によって得られたK人の集団で「誕生日の同じ人が少なくとも2人以上いる」という場合の数を「K人の誕生日のすべての場合の数」で割ったものが、K人の集団における求めたい確率となる。

3. これをK人の集団の人の数を変えて計算して確率が5割を超える集まりになる人数を求める。

さて【図6－8】を見ながら順番に考えていこう。まず「K人の誕生日のすべての場合の数」を計算する。これは、「各日に対応する1から365までの数字の書かれた玉の入った壺から、K人が1つずつ取り出して並べる、ただし、取り出された玉と同じ数字の書かれた玉を壺に入れる」という場合の数に等しい。つまり、前節で述べた重複順列になる。よって、この場合の数は365をK回掛けあわせた365^K（365のK乗、【図6－8】のa式）となる。

次に「K人の誕生日がすべて違う場合の数」はどうであろう。こちらは重複を許さないで、「各日に対応する1から365までの数字の書かれた玉の入った壺からを、K人が1つずつ取り出して、並べる場合の数」に等しい、つまり順列であるので、前に述べた式を使うと【図6－8】のb式となる。

ステップ1

K人の誕生日のすべての場合の数

365^K -- (a)

−

K人の誕生日がすべて違う場合の数

$\frac{365!}{(365-K)!}$ -- (b)

＝

少なくとも２人以上の誕生日の同じ人がいる場合の数

$365^K - \frac{365!}{(365-K)!}$ -- (c)

ステップ2

少なくとも２人以上の誕生日の同じ人がいる確率

$$\frac{365^K - \frac{365!}{(365-K)!}}{365^K} \quad \text{-- (d)}$$

【図６－８】誕生日の問題のまとめ

よって、ステップ1において、「少なくとも2人以上、誕生日の同じ人がいる」という場合の数はa式からb式を差し引いたc式となる。

次にステップ2であるが、これはこのc式を「K人の誕生日がすべて違う場合の数」である365^Kで割ってやればいいので、結局求める確率はd式となる。

さて、やや複雑に見える式が結果として出てきたが、それでも具体的に人数の数字をKに入れてやれば確率は計算できる。

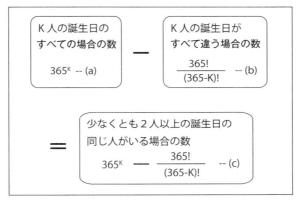

これをやるのがステップ3である。まず考えてみれば集団の人数Kが少ない時よりは、多い方が同じ誕生日の人がいる可能性は高くなっていくだろうから、Kの数が増えれば、確率の数字も増えていくと想像できる。実際に数字を入れてコンピュータで計算した結果、すでに述べたように(第3章の【図3－2】)、たった23人以上いれば、同じ誕生日の人がいる確率の方が5割を超えるのである。

池の亀の数は?——数の推定

愛知県のある池で外来種のミシシッピアカミミガメが繁殖してしまい、他の生物たちを駆逐してしまっているという新聞記事を読んだことがある。この亀は小さい時にはミドリガメとしてペットショップなどで売られていて、5センチぐらいの愛らしい姿であり、読者の多くも見られたことがあるかと思う。筆者も子供の頃に飼育していた。

しかし、成長すると大きさ30センチ弱、重さ1キロ強ほどにまでなり、オスの甲羅の色は黒くなる。小さな時に愛玩用に飼われたものが、飼い主の手に負えなくなり、池などに放されているのである。今では日本中の池などに棲息しているというが、在来種の駆逐を懸念して、愛知県や佐賀県では条例で野外放逐の禁止が決められている(国立環境研究所 侵入生物データベース)。

では、「ある池にいるこの種類の亀の数はどれくらいか」という課題を考えてみよう。「どのような手段を使えばいいだろうか」と、アメリカの大学で講義をした際に受講者に尋ねたら、「ダイナマイトで池をふっ飛ばして、死骸を数える」というような物騒な回答もあった。しかし、やはり平和的に行いたい。そこで正確に数えることは諦めて、この数を推定するという方針にしよう。推定をするにしてもいくつかのやり方があると思うが、ここでは次に述べる手法を使う。

まずR匹の亀を池から捕まえて、この亀たちの甲羅に赤いマークをつける。その後この亀たちをまた池に放す。しばらくたってからN匹の亀を捕まえる。この中で赤いマークのついた亀を数える。これがK匹であるとする。

この具体的な手順に、組み合わせの場合の数の考え方を応用することで、亀の数Xを推定することができる。まず、再び壺から玉を取り出す問題に置きかえてみよう。【図6-9】に示したようにこの問題は「壺の中にR個の赤玉とB個の黒玉が合わせてX個入っている。この中からN個の玉を取り出したときに、その中にK個の赤玉が入っているという確率Pを求めよ」という問題と密接に関係がある。こちらを考えると次のようになる。

まず「X個のなかからN個の玉を取り出す場合の数」が全体の場合の数になる。これは既に見たように【図6-9】の式の分母となる。

この全体の中で、K個の赤玉が取り出されるという条件に合う場合の数を考えるのだが、これはとり出したN個の玉の中にK個の赤玉とN-K個の黒玉がある場合の数と同じとなる。そして、さらにやや複雑であるが丁寧に考えてみると、この場合の数は「壺のR個の赤玉の中からK個を取り出す場合の数」と「壺のB=X-R個の黒玉の中からN-K個を取り出す場合の数」を掛け合わせたことと同じになる（【図6-9】式の分子）。すると、求める確率Pはこの掛け合わせた場合の数を「X個のなかからN個の玉を取り出す場合の数」で割ってやった式となる。

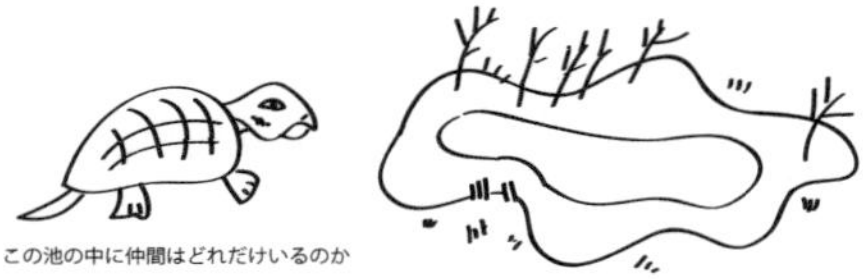

この池の中にいるX匹の亀の数の推定の手順

R匹の亀を捕まえて赤くマークする → マークした亀を再度池に放す → N匹の亀を再度捕まえる → この中でマークした亀の数K匹

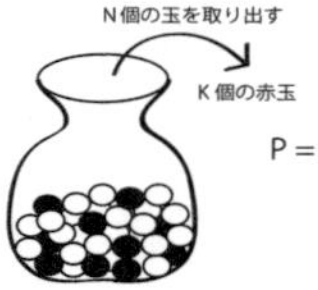

全部でX個の赤玉と黒玉の入った壺
（R個の赤玉とB個の黒玉）

$$P = \frac{\text{N個の玉の中でK個の赤い玉を取り出す場合の数}}{\text{X個のなかからN個の玉を取り出す全体の場合の数}} = \frac{\text{壺のR個の赤玉の中からK個を取り出す場合の数} \times \text{壺のB = X-R個の黒玉の中からN-K個を取り出す場合の数}}{\text{X個のなかからN個の玉を取り出す全体の場合の数}}$$

$$P = \frac{\dfrac{R!}{K! \times (R-K)!} \times \dfrac{(X-R)!}{(N-K)! \times ((X-R)-(N-K))!}}{\dfrac{X!}{N! \times (X-N)!}}$$

亀の数Xの推定値	500	600	700	800	900	1000	1100	1200
確率P	0.0002	0.0141	0.0679	0.0981	0.0766	0.0428	0.0199	0.0083

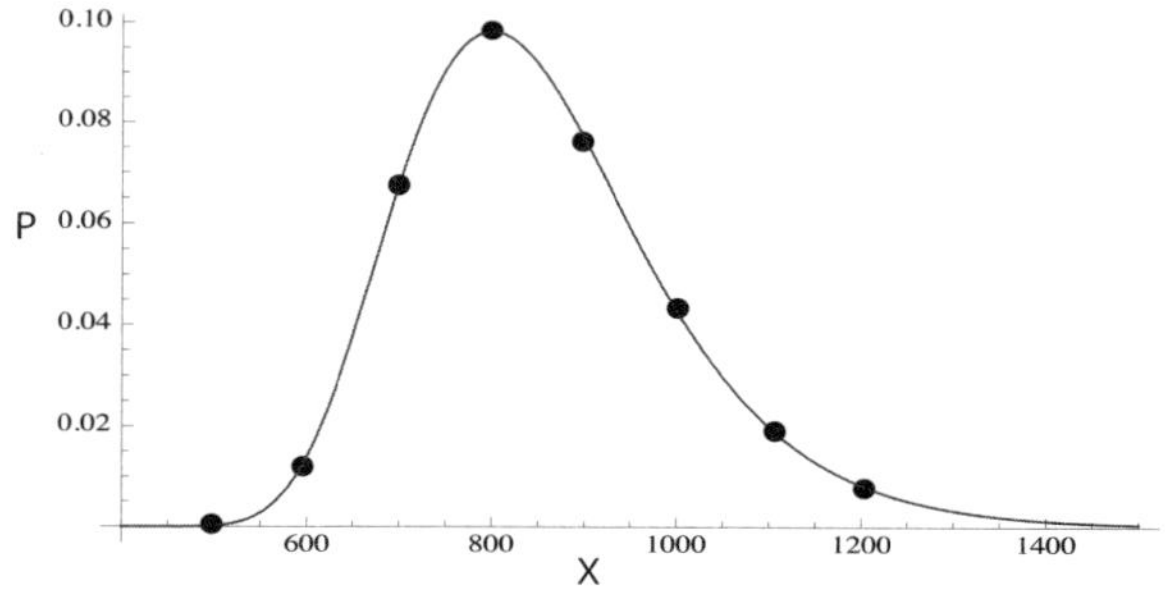

【図6－9】池の亀の数の推定の問題

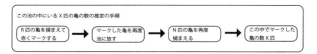

大変長い式が出て来て、とてもやってられないと感じられるかとも思う。筆者にしてもこの結果の式だけをいきなり見せられたら、何がなんだかわからない。しかし、【図6－9】に示したように、この問題は複雑なようだが、結局は3つの場合の数を組み合せを用いて計算したものに過ぎない。意味を教えてもらえれば、常識的なことを少し丁寧に考えただけで導かれたことに注目されたい。

次に考えることは、このように求めた確率が推定したい亀の数とどのように関係するかである。我々の手続きによれば、NやRやKは設定や観測で決めてやることができるので、Xが決まれば求めたい確率Pは具体的な数字として計算してやることができる。例えばR=200, N＝100, K＝25の時にXの数を与えたときのPの値は【図6－9】の表で与えられ、これは、さらにグラフにすることができる。

これを見ると、Pが最大になるのはX ＝ 800の時である。ここで我々はある考え方をとる。すなわち、実際に我々の観測によって起きる事象でK=25がでるのは、この確率Pが最大になるときが尤《もっと》もらしいので、推定値としてもそれを与えるX ＝ 800とするのが妥当であろうとするのである。

読者の中には、このように回りくどいことをしなくても、捕まえた亀の数Nとその中での赤い亀の数Kの比率が4対1であるので、それが、亀の総数Xと赤い亀の総数Rの比率と同じであるとするのが自然で亀の総数X=800は簡単に得られるということに気がつく人もいるだろう。

ここでの計算の利点は、推定なのでもちろん亀の総数Xが800より多少ずれても構わないが、どれくらいのずれがどれくらいの確率Pの変化をもたらすかも見て取れるところにある。例えば、亀の総数Xが100となる確率は約2％なので、800と推定する方が約5倍の確からしさである。別の言い方をすれば100であれば観測結果として捕獲した亀の中の赤い亀の数Kが25となる確率はかなり低く、より少ないKの数の観測結果が出る方が確からしいのである。さらに、亀の総数Xがある範囲、例えば700から800の間にある確率なども、約18％と計算することができる。

「観測された事象が尤もらしく最大の確率となっている」という論理で推定をする、この手法は最尤法《さいゆうほう》といわれて、視聴率、政党支持率、アンケート調査など、少ないサンプルから全体の傾向の推定を行う、統計的な標本調査を解析するための基本的な手法の1つである。

この例では壺から玉をとり出すという簡単な組み合わせの問題を丁寧に考えるだけでも、実用的な推定の手法にたどり着けるということを紹介した。もっとも亀たちは、のんびりと甲羅干しをしながら、こんな人間たちの企みなどは相手にもしないのであろうが。

関係があるのかないのか——独立性と同時確率

ここでは話をすこし複雑にして、ある出来事（事象）が起きる確率だけではなくて、2つ、もしくはそれ以上の事象が起きる確率を考えていく。具体例として、ある都市に住む人、大きめの会社の従業員など、ある程度の規模の成人の集団を考えてみよう。ここで2つの事象として、下

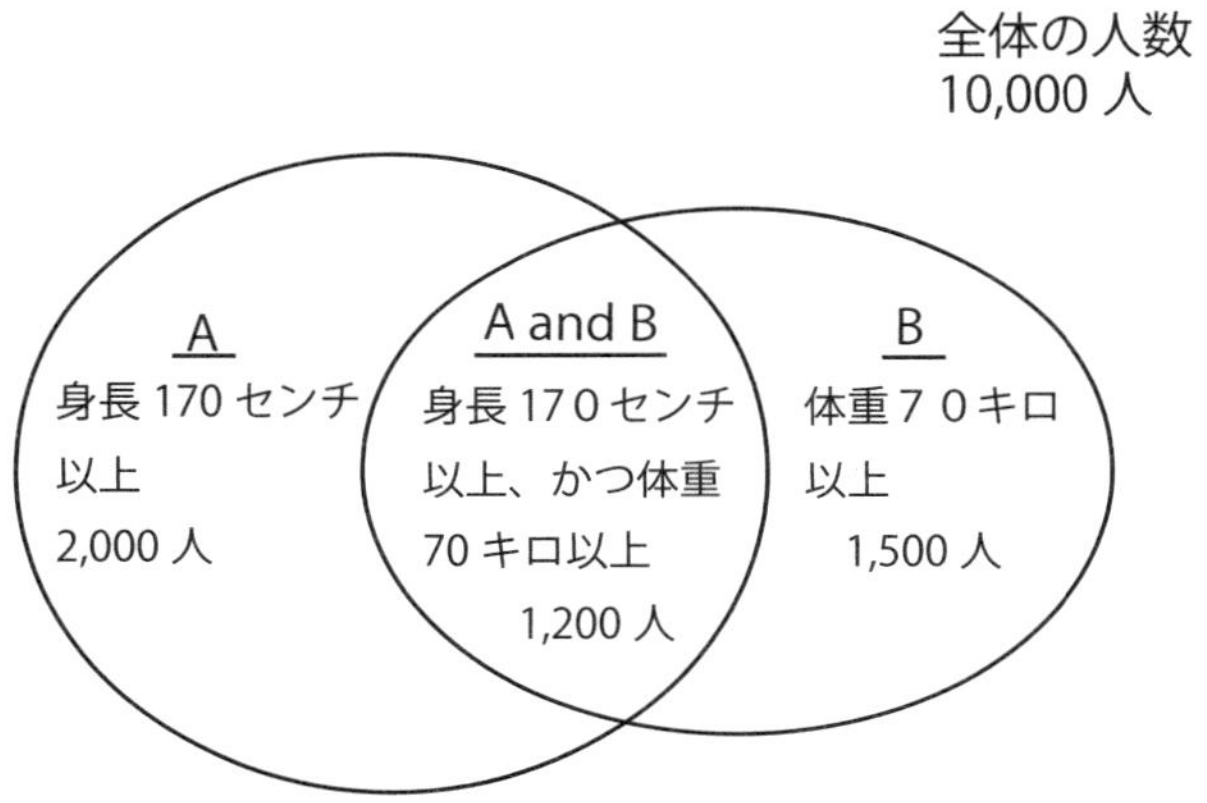

【図６－10】同時確率

記を考える。ある１人の人を無作為にこの集団から選んだ時に以下となる確率を考える。【図６－10】も参照しながら話を進める。

Ａ　身長が１７０センチ以上の人である

Ｂ　体重が70キロ以上の人である

どちらも、それぞれの事象の条件を満たしている人の数を数えて、全体の数で割ることにより、確率を求めてやることができる。例えば、１万人の中に１７０センチ以上の人が２０００人いて、70キロ以上の人が１５００人いれば、確率はそれぞれ、Ａが20％とＢが15％、つまりP(A)=0.20とP(B) = 0.15となる。

さて、次に考えるのは、

A and B　身長が１７０センチ以上で体重が70キロ以上の人である

という事象の確率P(A and B)である。これも手続きとしては同様に、この条件を満たす人の数を数えてあげればよい。この人数が１２００人であれば A and B は12% すなわち、P(A and B)=0.12となる。このように２つ、もしくはそれ以上の数の事象が共に起きる確率のことを同時確率という。日本語では「同時」というと、同じ時刻の意味もあるので、やや紛らわしい。英語ではJoint Probabilityというので、「連結確率」もしくは「結合確率」という感じであり、その語感で考えてもらった方が概念の意味はより明確かもしれない。

さて、一般には、この同時確率と、それを構成する、それぞれの確率の関係は単純ではない。前記の例でも、１７０センチ以上の人の確率P(A)と70キロ以上の人の確率P(B)が計算できたとしても、この両者だけから、両者の条件を満たすP(A and B)を求めることはできないので、これについてはあらためて数え上げて求めている。

しかし、数理的に計算するにあたって、現実の状況などから、この同時確率が、個々のそれぞれの確率の掛け算

P(A and B) = P(A) × P(B)

として簡単に求まる場合、もしくはそのような仮定をしたとしても近似できるということもある。このような時に「事象ＡとＢは確率的に独立である」という。

では、どのような場合にこのようなことが言えるだろうか。大雑把に言えば、事象ＡとＢはお互いに関連性がないという場合であると言える。実際には微妙な問題もあるのだが、我々の日常

的には「物理的に独立していれば、確率的にも独立している」（しかし、逆は言えない）と考えていただいても差支えがない。

前述したようなコイン投げで、２つのコインを投げるという話を例にとれば、

V　コイン１で表が出る。

W　コイン２で裏が出る。

という２つの事象で、互いに影響を及ぼさない、そして同じ確からしさで表裏の出るコインつまり、P(V) = 0.5 で P(W) = 0.5 であれば、P(V and W) = 0.5 × 0.5 = 0.25 すなわち１／４の確率であると言えるだろう。仮に、コイン２には細工がしてあり、裏のでる割合がより小さく P(W) = 0.3 であっても、確率的に独立であれば、同様に P(V and W) = 0.5 × 0.3 = 0.15 と計算することができる。

では、前記の身長と体重の例題ではどうだろうか。この場合には背が高いということと体重が大きいということは無関係とは言えないであろう。しかし別の事象として、同じ集団から無作為に選ばれる人が、

C　今の首相を支持する人である

ということを考えれば、これは、背の高さや体重とはほとんど関係がないだろうから、ほぼ独立と近似をしても良いであろう。つまり、P(A and C) = P(A) × P(C) で、P (B and C) = P(B) × P(C) として考えても良いであろう。

確率的に独立であれば、さまざまな確率の計算はだいぶ楽になるので、この仮定が成り立つかどうかは、確率を使う研究者にはけっこう重要なポイントとなる。主観的にこれが成り立つとして計算した結果が、現実と合わなければ前にも述べたように前提を疑う必要がある。実際にこの例でも、今の首相が背の低い人で、背の高い人よりも低い人が親近感を感じれば、無関係とは言えないし、確率的にも独立ではないかもしれないのである。確率は、主観と客観の微妙なせめぎあいの上に成り立っている概念でもあり、必ずしも気がつかないかもしれない現実における関係性を、炙りだしてくれる可能性もあるところに留意されたい。

今日は雨。明日も降るか?――条件付き確率

さて、複数の事象に関係する不確かさと確率について、もう少し考えてみよう。たとえば「今日は日経平均株価が上昇したが、明日も上がるだろうか」「熱が38度あるけれども、インフルエンザだろうか」など、ある一定の事実や観測が与えられた上での不確かさについて考えたいことは、我々の日常において多々ある。これらの例においても、事象を切り分けて考えることは有効である。例えば後者であればこのように記述できる。

Q　熱が38度ある

R　インフルエンザである

この2つの事象についてであるが、先ほどの同時確率とは違い、Qは既に確かなこと、または起きたこととして与えられている。このような場合については「条件付き確率」という概念を用いる。つまり、Qの条件が与えられて（given）いて、その上でRが起きる確率を与えるのが条件付き確率P(R given Q)なのである。

「同時確率」と「条件付き確率」の違いはわかりにくく、確率を扱う理系の大学院生でも混同することがある。だが、逆にこの違いをおさえてもらえれば、確率については達者な知識人ともいえ、後に述べる例など、現実問題にもいろいろ活用できる。

具体的な数字で考えてみよう。1万人の風邪とおぼしき患者がいるとしよう。この中で、38度以上の熱のある（Qの場合の）人が2000人いて、インフルエンザ（Rの場合）の人が800人いるとする。そして、38度以上の熱があり、かつインフルエンザ（R and Q）の人は100人であるとする。ある人を無作為にこの集団から取り出した時の確率を考えると、これは前述の身長と体重の例と同様に考えることで、以下になる【図6－11】。

P(Q) = 2000/10000 = 0.2（20％）

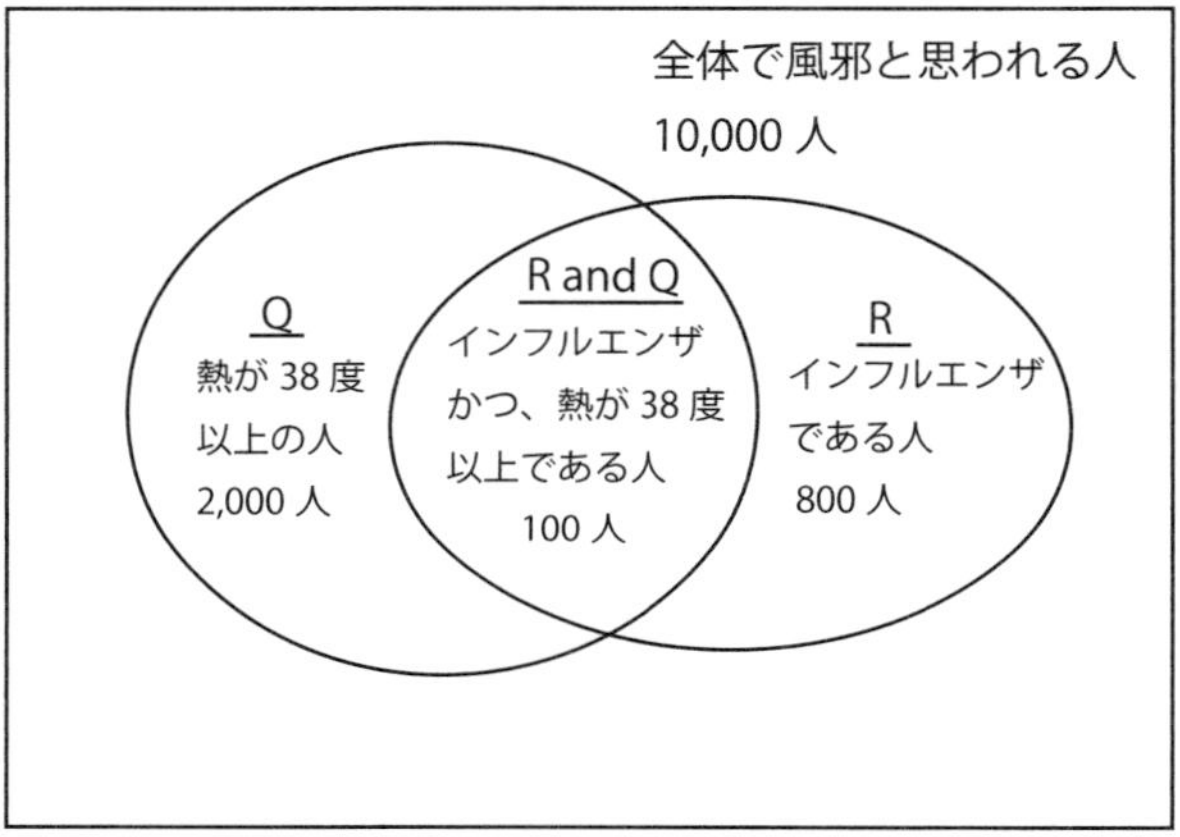

$$P(Q) = \frac{2{,}000}{10{,}000} = 0.2$$

$$P(R) = \frac{800}{10{,}000} = 0.08$$

$$P(R\ \text{and}\ Q) = \frac{100}{10{,}000} = 0.01$$

$$P(R\ \text{given}\ Q) = \frac{100}{2{,}000} = 0.05$$

条件付き確率と同時確率の関係式

$$\begin{aligned} P(R\ \text{and}\ Q) &= P(R\ \text{given}\ Q) \times P(Q) \\ \| \quad & \\ P(Q\ \text{and}\ R) &= P(Q\ \text{given}\ R) \times P(R) \end{aligned}$$

【図６－11】インフルエンザの例と条件付き確率と同時確率の関係式

P(R) = 800/10000 = 0.08（8％）

P(R and Q) = 100/10000 = 0.01（1％）

さて、ここまでは問題がないが、38度の熱を出していた人がインフルエンザである確率を求めることであれば、これは全体1万人からではなく、2000人の中から無作為に選んだ人がインフルエンザを持っている確率となる。するとそのような人は100人いるので、この条件付き確率はP(R given Q) = 100/2000 = 0.05 (5%) となる。これが前記で求めた同時確率 P(R and Q) = 100/10000 = 0.01 (1%) とは同じでないことを確認していただきたい。

つまり、条件付き確率においては、条件があること、もしくは既知の事実があることによって確率を考えるときの分母にあたる全体の場合の数が小さくなる。推理ドラマなどで、証拠や事実が増えれば、そのような手がかりがない場合と比べて、犯人の可能性のある人数が絞られてくるのと同じである。

互いに違う概念ではあるが、同時確率と条件付き確率の間には以下の関係が一般に成り立つ。

P(R and Q) = P(R given Q) × P(Q)

なお、同時確率については順番を入れ替えても同じなので、

P(R and Q) = P(Q and R)

であり、この順番を入れ替えたものについても

P(Q and R) = P(Q given R) × P(R)

が言える。これらの式が成り立っていることは前出の具体的な数字の例でも確認できる。これらの公式は後に繰り返し使え、非常に有用である。

また、もし考えている2つの事象AとCが確率的に独立なときには、P(A given C) = P(A) となる。この意味はCの条件について知識を得たからといって、それがAの確率には影響を与えないということを言っているのである。ちょうど、関係のない証拠Cを集めても、特に犯人であろう候補をしぼることにはならないし、誰かが犯人Aである確率にも影響を与えないということである。この時にも同時確率と条件付き確率の関係式は

P(A and C) = P(A given C) × P(C) = P(A) × P(C)

が成り立ち、前に述べたように確率的に独立の場合は、同時確率はそれぞれの確率をかけた結果となるということと整合がとれている。

再度になるが、複数の事象の確率を考えることは、当然より複雑になり、ここに述べたように同時確率や条件付き確率というような、より高度な概念を扱うことになる。また、確率の問題において、現実や文章からの事象の「切り出し」などの解釈も重要な要素になるので、複数の事象が絡めば難しさも増える。

しかし、これらの概念を理解してもらうことで、日常的な問題などに確率が使える範囲はだいぶ広くなる。概念の理解があやふやに感じる読者も、次節にいくつかそのような例をあげるので、どうぞ読み進めていただき感じを摑んでいただければ良いと思う。

現実問題への応用

ここではこれまで述べてきた確率の概念と数理を使いながら、日常的にもあり得る問題で、多少の意外さを含むものをいくつか紹介する。考え方や計算は時に込み入るが、問題の設定自体は難なく理解してもらえるものであると思う。

モンティ・ホールのクイズ番組

この問題は著名な数学者も巻き込んで論争を起こした問題であり、確率の面白さも難しさも具現化している代表例である。モンティ・ホールは「レッツ・メイク・ア・ディール」という1960年代から80年代を通じてアメリカで放映されたテレビのクイズ番組の司会者の名前である。いくつかの種類の懸賞当てゲームを司会者と、会場にいる観客から選ばれた回答者が行うのである。懸賞は「ゾンク」と呼ばれ、賞金だったり、生き物や食品などの変わったものもあったという。

この番組の中心的なゲームは、3つのドア（番組ではカーテン）のどれか1つに隠された1つの懸賞を当てるというものだ。懸賞は3つのドアのうちで同確率（1／3）で無作為に選ばれたどれか1つの後ろに置かれていて、司会者はどのドアの後ろに懸賞があるかを知っている。

ゲームは、以下のような司会者と回答者のやりとりで進められる【図6-12】。

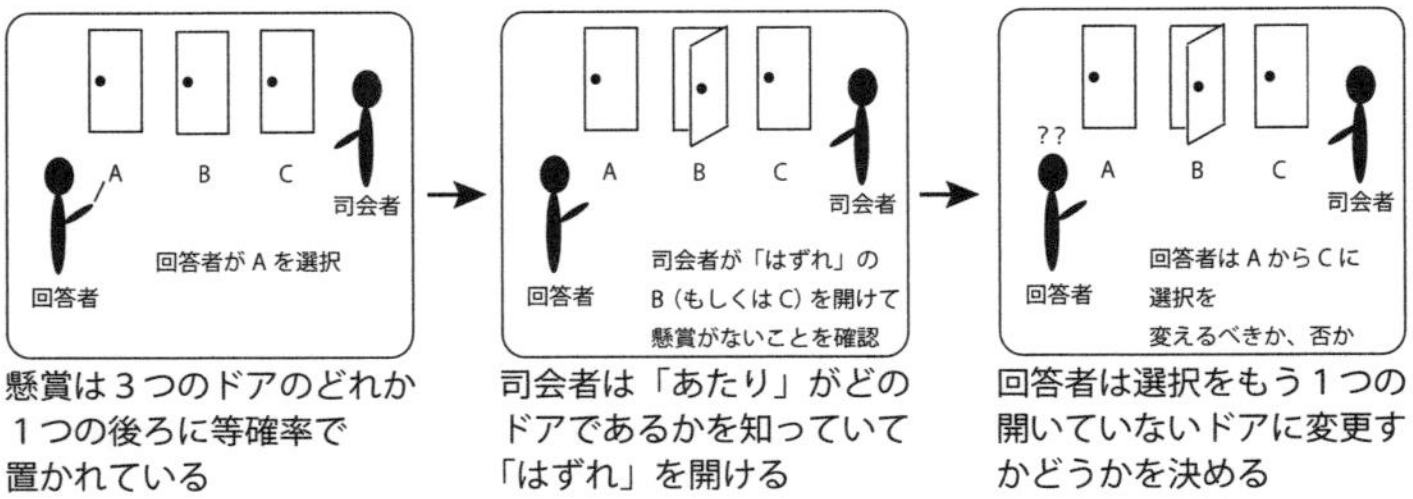

【図６－12】モンティ・ホール問題の概要

1. 回答者はまず1つのドアを選ぶ。
2. 司会者は残りの2つのドアから、懸賞が置いていないドアを開ける。どちらのドアの後ろにも懸賞がなければ、同確率で無作為にどちらかを選ぶ。
3. 更に司会者は回答者に「もし望むなら、最初に選んだドアから、まだ開けていないもう1つのドアに変更してもよいですよ」と問う。
4. 回答者が選択を変更するかしないか決める。
5. 司会者が残りの2つのドアをすべて開け、懸賞の場所が明らかになり、回答者の選択したドアが当たりか、はずれかが決定する。

なにげないゲームのように見えるが、問題となったのは4のステップで回答者が選択を変更するべきかどうか、というところである。

これについては、ある雑誌に多くの意見が寄せられた。

(イ)「選択を変更してもしなくても当たる確率は変わらない」
(ロ)「選択を変更したほうが当たる確率は高くなる」
(ハ)「選択を変更しないほうが当たる確率は高くなる」

以上3つの場合があるが、著名な数学者を含む多くの人は（イ）であると主張した。実際に、筆者自身、大学の講義で学生さんたちに問いかけると、やはり（イ）が一番多く。（ハ）を主張する人は、ほとんどいない。しかし、確率について丁寧に考えてみると正解は（ロ）であり、最初に選んだドアから、もう1つの開けられていないドアに選択を変更したほうが、2倍の確率で回答者が懸賞を当てられる。

つまり、ステップ4の選択の段階では、最初に選択したドアの後ろに懸賞のある確率は1／3で、もう1つの、司会者が開けなかったドアの後ろに懸賞のある確率は2／3なのである。そして、これは単に計算の話ではなく、実際に実験によっても確かめられている。

「そもそも同じ確率で、3つのドアの後ろに懸賞を置いたので、開けられていない2つのドアのどちらも同等ではないか。それなのに、どうしてこの違いが出てくるのか」というのが（イ）を選択した人の持つ違和感の代表であろう。からくりは前節で述べた条件付き確率の概念にある。このゲームの途中で1つのドアの後ろにはないという「証拠」が、残りの2つのドアに対称でない重み付けを与えたのである。

この問題の解説は簡単ではない。というのも、3つのドアのどこに懸賞があるかという3つの事象と、司会者があるドアを開けるという1つの事象の4つの事象についての確率を考える必要があるためだ。少し難しいので細かい部分は割愛するが【図6－13】にまとめた。

この【図6－13】の解説がまったくわからなかったという人もどうぞ気にされないでほしい。直感的な説明もいくつかある。例えば、以下である。

３つのドアに A、B、C と名前を付ける。回答者は A を最初に選んだとする。
（B か C を選んだ場合も同様の議論になる。もしくは、ドアの名付けを変えてもよい。）

それぞれのドアの後ろに懸賞がある確率を P(A), P(B), P(C) とする。
同じ確率で無作為に懸賞を置くドアを選んでいるということから、当然
P(A) =P(B) = P(C) = 1/3
となる。

司会者が B のドアを開ける確率を P(BO) としよう。これは以下のように求められる。

a. 回答者が最初に選んだ A の後ろに懸賞がある場合は、残りの２つは同確率で選ばれ、
また、司会者が A が正解と知っているので、条件付き確率は
P(BO given A)＝ 1/2
一方、P(A) ＝1/3 だったので、同時確率は前節の公式を使って
P(BO and A) = P(BO given A)× P(A) = (1/2)×(1/3) = 1/6

b. B の後ろに懸賞があれば、司会者はそのドアを開けることは無いので、
P(BO given B)＝ 0
また、P(B) ＝1/3 なので
P(BO and B) = P(BO given B)×P(B) = (0)×(1/3) = 0

c. C の後ろに懸賞があれば、司会者はかならず別のドアを開けるので、
P(BO given C)＝ 1
また、P(C) ＝1/3 なので
P(BO and C) = P(BO given C)×P(C) = (1)×(1/3) = 1/3

懸賞は必ずどれか１つのドアの後ろにしか無く、また必ずどれか１つの後ろにあるので、
B のドアを開ける確率は上の３つの確率を足すことで求められる。つまり、BO が実現
するには３つの場合があり、それぞれ排他的（どれかが起きたら、他は起きない）
であるので、この３つの場合の確率を足してやればよい。結果
P(BO) = P(BO and A) + P(BO and B) + P(BO and C) = 1/6 + 0 +1/3 = 1/2
となる。この性質を、全確率の公式ともいう。

さて、B のドアが開けられれば、その事実を踏まえて、そのまま A の選択を保持するか、
もしくは C に変更するかである。これを判断するのには、ふたたび条件付き確率を考える。
つまり、「どこに懸賞があるかを知っている司会者によって、B が開けられ、そこには無い
ことがわかった」という事実 BO のもとで、A と C のそれぞれに懸賞がある条件付き確率を
考えるのである。つまり、P(A given BO) と P(C given BO) を計算するのである。
この計算にはふたたび前節の同時確率と条件付き確率を結びつける公式を使う。すなわち
P(A and BO) ＝P(A given BO)×P(BO)
P(C and BO) ＝P(C given BO)×P(BO)
となる、しかし、同時確率は事象の順番を変えても変わらないことを使えば、
上の２つに出てくるもので下記はすでに前のステップで計算している。
P(A and BO) ＝ P(BO and A) = 1/6
P(C and BO) ＝ P(BO and C) = 1/3
P (BO) = 1/2
これらを代入してみると以下になる。
1/6 = P(A given BO)×(1/2) よって P(A given BO) = 1/3
1/3 = P(C given BO)×(1/2) よって P(C given BO) = 2/3

上記から、確かに、選択を変更して C にしたほうが確率は 2/3 となって、
A の選択を保持する確率 1/3 の２倍になっている。

【図６－13】モンティ・ホール問題の解法の例

最初にAを選ぶ時点で、Aが当たりの確率が1／3であり、はずれの確率は2／3である。B（かC）が開けられたとしても、もともとその2つの内の1つははずれであることはわかっていたので、開けられたことによってAが当たりであるか、はずれであるかの推理には影響を与えない（すなわち、Aが当たり、という事象と、Bのドアが開けられる、という事象は確率的に独立である）。よってAを保持すれば2／3の確率ではずれであるので、選択を変更したほうがよいとなる。

やや抽象的になるが、AとCの対称性もBというドアが開けられるまでは保たれていたのだが、Bを開ける確率が、Aが当たりか、Cが当たりかによって違うことが、Bを開けたことでCである確からしさを高めたことにつながり、対称性を破っているのである。

この問題は、条件付き確率の概念や、確率を考えるときに、事実の解釈や、行なわれていること（この場合では回答者と司会者のやりとり）の正確な理解の重要性をよく示している。ゲームのルールの条件や状況が微妙に変われば、確率も変化する。

また、この問題が述べられるときには、特に司会者の知識や行動については、かならずしもルールの細部までが明確に提示されない場合も多い。そのためか「放浪の数学者」で高名なハンガリー出身の数学者、ポール・エルデシュでさえ、違ったルールであると解釈をして、最初は「選択を変更しても当たる確率は変わらない」と思っていたとされている。それ故、まだピンとこない読者の方も気落ちすることなく、確率という概念と現実のはざまの微妙さを感じてもらえれば良いと思う。

感染検査の問題

続いて、もう少し実用性のある話から、「意外さ」をもたらす例をあげよう。飛行機に乗る人ならご存知のように、手荷物検査で、機内に持ち込む荷物も、我々自身も検査機器の中を通される。パソコンやペットボトルなどを荷物から取り出すなど、面倒に思うこともあるが、安全の確保のためには重要な手続きであり、やむを得ない。

恥ずかしながら、筆者は時々この検査に引っかかる。ある時はアメリカで帰国時のおみやげの化粧水を取り出し忘れていた。せっかく購入したのに、ペットボトル等と同じように捨てろ、と言われるのかと心配した。しかし、幸い搭乗までに時間があったので、カウンターでチェックし直すことができた。

筆者のボケた話はこれくらいにして、このようにある検査に引っかかった時に、実際に問題がある確率について考えるのが、ここでの課題である。この例では、手荷物の機器が作動したときに、実際に検査官が開けたらペットボトルなどの問題が存在する確率を考えるのである。インフルエンザの感染検査など、医療検査も同様なので、こちらで説明していこう。

ある感染症の検査を行う。この感染症は統計データより1000人に1人の程度で発症するという、どちらかと言うと稀な病気である。これに対して製薬会社が下記のような精度の検査を開発した。

感染している時に、陽性と反応する確率が98％　（陰性となる誤りが2％）

感染していない時に、陰性と反応する確率が99％（陽性となる誤りが1％）

ここで、ある人がこの検査を受けた時に陽性反応が出たとする。では実際に、この人が感染症にかかっている確率はどれくらいであろうか。読者の中にはこの質問は、もう既に前に98％とか、99％とか述べているので、あまり意味をなさないと思う人もいるかもしれない。しかし、注意してほしい。前記は感染が条件の上での陽性反応の有無の話または感染なしが条件の上での陰性反応の有無の話で、我々が知りたいのは、陽性反応の有無の条件の上での感染の有無なのである。すでに気が付かれた読者もいると思うが、ここでも条件付き確率の概念を用いる。そのために我々の問題から、丁寧に事象を切り出しながら考えてみると【図6－14】のようにまとめられる。

計算の結果、この検査で陽性が出た時に、実際に感染している確率は9％程度なのである。99％近い精度の検査なのに、この9％という低い数字が出てくるのはおかしくないだろうか。そう思われても自然であるが、この問題の条件の通りであれば、この意外に低い数字が正しい確率なのである。どうしてこんなことになるのかということの直感的な要所は、この検査の対象になっている感染症がそもそも0・1％という低い確率で発症するものであることによる。実際に検査を受ける前には、ある人が感染している確率は0・1％であったが、高い精度の検査を施したことで、その確からしさは90倍近くの9％近くになったのである。

そこで、もしある地域ではこの感染症の大流行がおこり、2人に1人がかかっているくらい、すなわち発症率は50％であったとしよう。この時に同じ検査をして陽性が出た時には、その人が

関連する事象を切り分ける

A+:　感染している
A−:　感染していない
B+:　検査で陽性である
B−:　検査で陰性である。

上記の４つの事象について、わかっている確率を述べていく。

まず、感染症の有無の確率は仮定の統計データより、下記である。
P(A+) = 1/1000 = 0.001 = 0.1%
P(A−) = 999/1000 = 0.999 = 99.9%

また、検査の精度のデータより、検査の反応についての条件付き確率は、実際の感染の有無の条件で次のように与えられる。正しい反応については
P(B+ given A+) = 0.98 = 98%（感染していて、陽性反応）
P(B− given A−) = 0.99 = 99%（感染していないで、陰性反応）
また、検査が誤った場合は
P(B+ given A−) = 0.01 = 1%（感染していないのに、陽性反応）
P(B− given A+) = 0.02 = 2%（感染しているのに、陰性反応）

そして、我々が求めたい確率は、検査の陽性結果をうけての、感染している条件付き確率でこれは P(A+ given B+) である。
ここで再び、我々の同時確率と条件付き確率を結ぶ式を用いる。つまり
P(A+ and B+) = P(A+ given B+) x P(B+)
なので、両辺を P(B+) で割ってやれば、以下になる。
P(A+ given B+) = P(A+ and B+)/P(B+)

これから、与えられた情報から、P(A+ and B+) と P(B+) が計算できればよいとわかる。再び公式を使うと、前者は
P(A+ and B+) = P(B+ and A+) = P(B+ given A+)x P(A+) = 0.98 x 0.001 = 0.00098
となる。後者については、陽性がでる２つの排他的な場合の確率を足してやれば良いので、
P(B+) = P(B+ and A+) + P(B+ and A−)
となるが、さらにこの右辺は、上記でも行ったように、情報が与えられている条件付き確率と結び付けられる。すなわち、
P(B+) = P(B+ and A+) + P(B+ and A−)
= { P(B+ given A+) x P(A+)} + { P(B+ given A−) x P(A−)}
= 0.98 x 0.001 + 0.01 x 0.999 = 0.00098 + 0.00999 = 0.01097

これらの計算をしたので、最終的に
P(A+ given B+) = P(A+ and B+)/P(B+) = 0.00098/0.01097 = 0.0893… = 約 8.93%
となる。

【図６－14】感染症検査の例題と考え方

感染している確率は約99％になるのである。つまり、確率を推定しようとする事象（この場合は感染しているということ）が稀にしか起きないことであれば、高い精度の検査でも、その事象の起きる確率は意外と低いのである。

日常的に、このような状況では検査機器や検査薬自体の性能に我々の関心が引きずられがちではあるが、検査されている事象の確率については、そもそもその事象自体に注意する必要がある。どちらかといえば倫理的な側面からだが、近年でも妊娠中の血液検査のことが社会的課題となっている。

朝日新聞の２０１４年6月28日付の記事によると、この血液検査による新型出生前診断導入開始からの１年間で受診者は７７４０人。そのうちで、陽性反応が１４２人いたが、さらに羊水検査をうけた１２６人の結果は、異常なしの結果が13人となり、１割近くとなっている。つまり、新型検査の陽性反応は10％程度の誤りがあったことになる。

この結果をうけて、新型検査の不備を訴える論調の記事なども見かけた。本節で紹介した感染症の検査の例題にあるように、数理的な視点からは直ちに新型の検査の精度自体が悪いとは結論できない。このような問題においても、検査される異常が確率的にどのようなものであるのか、という側面にも丁寧に注意を向ける必要があり、不確かさとは慎重に向き合うべきなのである。

不良品の発生原因

筆者は電機メーカーの研究所に勤めていたが、そのメーカーの商品は壊れやすいというイメージを持たれているところがあった。特に、保証期間を過ぎた頃に壊れることが多いのか、意図的で巧妙な「不具合発生タイマー」が仕掛けられているのではないかと、ネットや一部メディアでささやかれていた。筆者も自分が購入した機器があっさり壊れて、苦言を呈さねばならないこともあった。製造業においては、不良や不具合が出ることは避けられないのであるが、その対処のあり方も含めて企業イメージにも直結するなど、重大な問題に発展しかねない。品質管理のコントロールは重要な課題なのである。

そこで次のような問題を考えてみよう。ある企業がある製品を、2つの工場AとBで生産している。製造の割合はAで80％、Bで20％である。出荷前の検査等で、それぞれの工場で不良品が発生する率は1％と3％であるとわかっているとする。まず、はじめに、このような状況で製造された製品が不良である確率を求めよう。ここでも、これらの情報から事象を切り分けて、条件付き確率や同時確率の違いに注意しながら計算をする【図6－15】。

さて、計算の結果1・4％という数字が出たが、直感的にも、両工場での生産の比率や、不良発生率の数字から、妥当な発生率の数字であり計算をしなくても大体の予想はできる。

では、今度は少し難しくなるが、逆の問題を考えてみよう。ある製品が不良であった時に、これがAかBどちらの工場で製造されたかの確率を知りたい。この問題も前記と同じ3つの事象と情報から考えてやることができるが、こんどは「製品が不良である」ということが条件となっていることに留意されたい。よって、求めたいのは、この事実の上で、AとBで作られた、それぞれの条件付き確率となる。

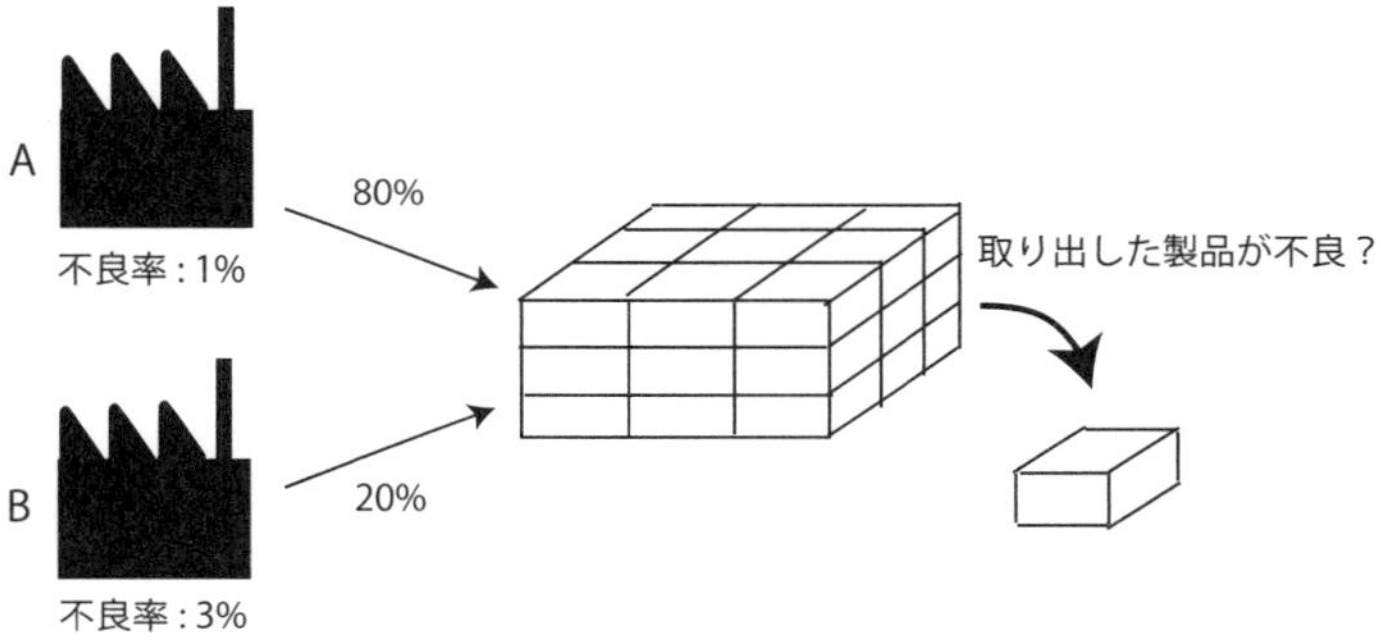

A:　製品が工場 A で製造される　　その確率は P(A) = 0.8 =80%
B:　製品が工場 B で製造される　　その確率は P(B) = 0.2 =20%
F:　製品が不良である　　　　　　この確率 P(F) を求めたい。

事象としては、この３点であるが、さらに上記の２つの工場での不良発生率がわかっているので、どちらの工場で作られたという条件の元での不良であるという、条件付き確率を求める。

A で製造されて不良である確率　P(F given A) = 0.01 = 1%
B で製造されて不良である確率　P(F given B) = 0.03 = 3%

我々はここで P(F) を求めたいのだが、上記の情報から、再び条件付き確率と同時確率を結びつける公式、そして全確率の公式を使うと以下を得る。

$$P(F) = P(F \text{ and } A) + P(F \text{ and } B) = \{P(F \text{ given } A) \times P(A)\} + \{P(F \text{ given } B) \times P(B)\}$$
$$= \{0.01 \times 0.8\} + \{0.03 \times 0.2\} = 0.014 = 1.4\%$$

【図６－15】製造された製品が不良である確率の求め方

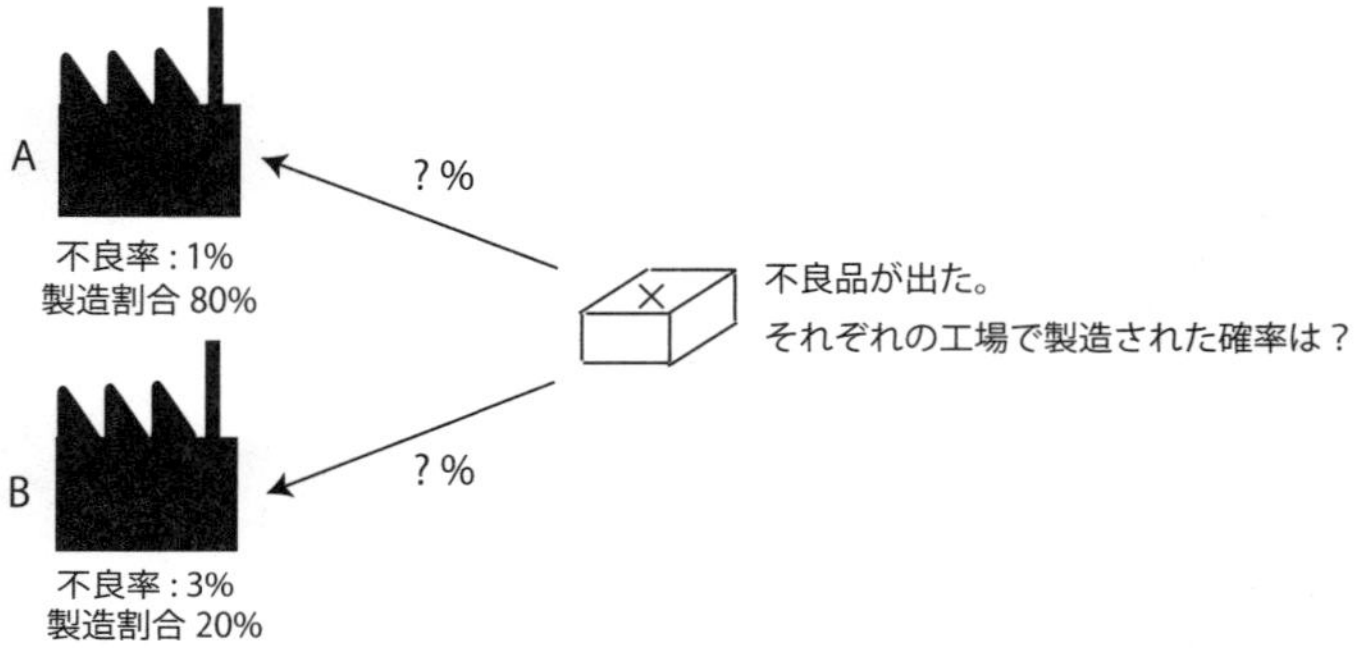

まず不良品が工場 A で製造された確率について計算してみよう。
ワンパターンであるが、また公式を使うと以下となる。
同時確率においては順番が逆でも同じであることで、
P(A given F) × P(F) = P(A and F) = P(F and A) = P(F given A) × P(A)
よって、
P(A given F) × P(F) = P(F given A) × P(A)
となるので、両辺をすでに求めた P(F) で割ってやればよい。すなわち
P(A given F) = P(F given A) × P(A) / P(F) = （0.01×0.8） / 0.014 = 0.571… = 約 57%

同様にして、工場 B でこの不良品が製造された条件付き確率は
P(B given F) = P(F given B) × P(B) / P(F) = （0.03×0.2） / 0.014 = 0.428… = 約 43%

【図6－16】不良品がどの工場で生産されたかの確率の求め方

見つかった不良品がAで作られた　P(A given F)
　見つかった不良品がBで作られた　P(B given F)

　これらの2つの条件付き確率の計算は【図6－16】で行う。前者は約57％、後者は約43％の結果が得られる。これらの数字は各工場の製造の割合とは異なるが、これが不良品の発生率がB工場の方が3倍高いということか

らの影響であると考えれば、納得のできる数字である。

これらの確率はあくまでも推定であるが、原因を探すことの一助にはなり得る。最近も冷凍食品に農薬が混入されたという事件があり、結果としては犯人が見つかったが、意図的であるのか、ないのかも含めて、製造過程のどの段階で問題が起きたかが調査の対象となった。残念ながら、調査の過程では、前記のような情報が揃っているわけではないので、直ぐに確率の計算とは行かない。しかし、問題の化学物質の残留濃度を与えられた条件として、製造の各段階のどこで事故が発生したのかを推定するなどの手法がとられており、論理としては同様である。

ベイズの定理

前節の感染症検査と不良品の発生過程の推定では、結果を条件として原因を推定するための確率計算を行った。つまり、前者では陽性反応であり、後者では不良品の発見が、結果であり、これを引き起こしている原因の確率を求めた。少し数式が込み入ったように見えるが、再度２つの事象ＡとＢで復習すれば、主に掛け算と割り算程度で行える次の【図６－17】の公式たちを繰り返し組み合わせただけである。

この最後の式の意味するところは、事象ＡとＢを、不確実さの存在する状況における原因と結果とすれば、結果から原因を推定することは、原因を条件として結果を推定することと結びついているということである。この式は、１７００年代にこれを示したイギリスの牧師、トーマス・ベイズの名前に由来して、「ベイズの定理」と呼ばれている。定理といえば重々しい響きもあり、

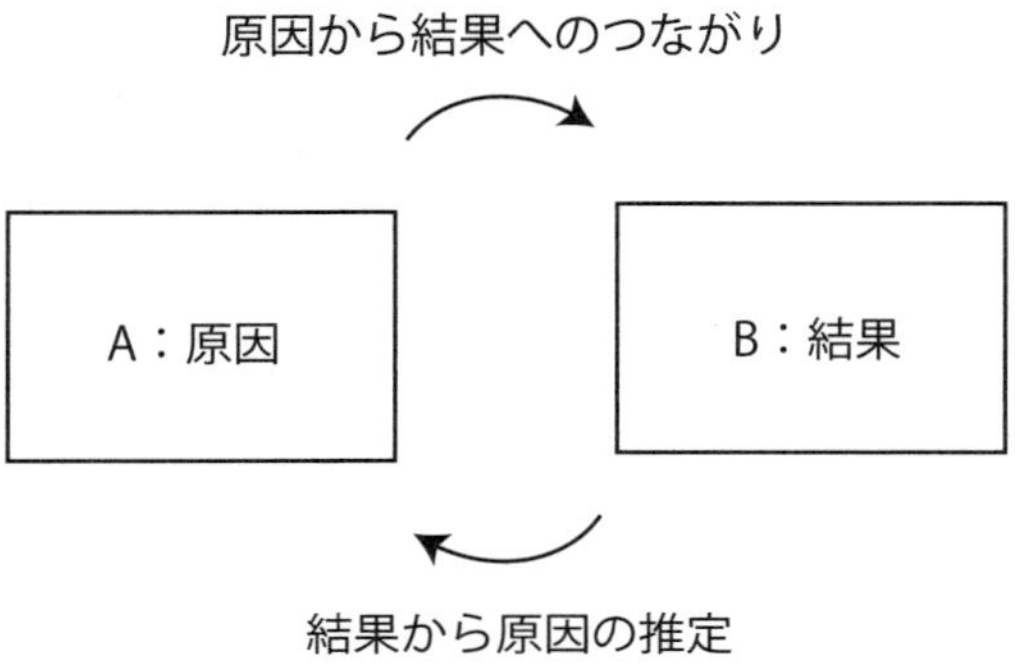

同時確率と条件付き確率の公式

P(A and B) = P(B and A)

P(A and B) = P(A given B) ×P(B)

P(B and A) = P(B given A) ×P(A)

特に、これらの式から、下記の
ベイズの定理が得られる。

$$P(A\ \text{given}\ B) = \frac{P(B\ \text{given}\ A) \times P(A)}{P(B)}$$

【図6 －17】ベイズの定理

一般人には理解しにくいとの印象を与えるが、ある意味、条件付き確率、同時確率の概念とその関係について述べているに過ぎないともいえる。この2つの概念をおさえていただければ、適用範囲が広い。興味をもたれた読者はぜひ、自ら活用してみてほしい。

遅れの数理

ここでは、遅れに関する数学の話にも、もう少し踏み込む。その前段として力学の微分方程式について紹介しよう。テーブルから物が落ちるのも、月が地球の周りを回るのも、万有引力の法則に従っている。ニュートンが、この法則をリンゴが木から落ちるのを見て発見したという伝説を聞いた方もいるだろう。驚くべきことに、自然界の重力による物体の動きには、その変化の仕方に非常にきれいで単純なルールが存在している。

重力以外にも様々な力による物体の運動があり得る。アクセルを踏めば車は加速するし、ブレーキを踏めば減速する。自転車だと走り出すには力をこめてペダルを踏む必要がある。今ある状態からすぐ続く次の状態に変化があり、そこに法則が存在すれば、これを力学法則が存在するという。

物理的に動くものでなくてもよい。銀行に1万円を金利年率1％で預ければ、1年後には1万100円に変化する。しかし、1000円預けたのであれば1010円である。増える金額は違うが、その率は一定である（もちろんその約束で預けたので、当然であるが）。ここには単純に、今

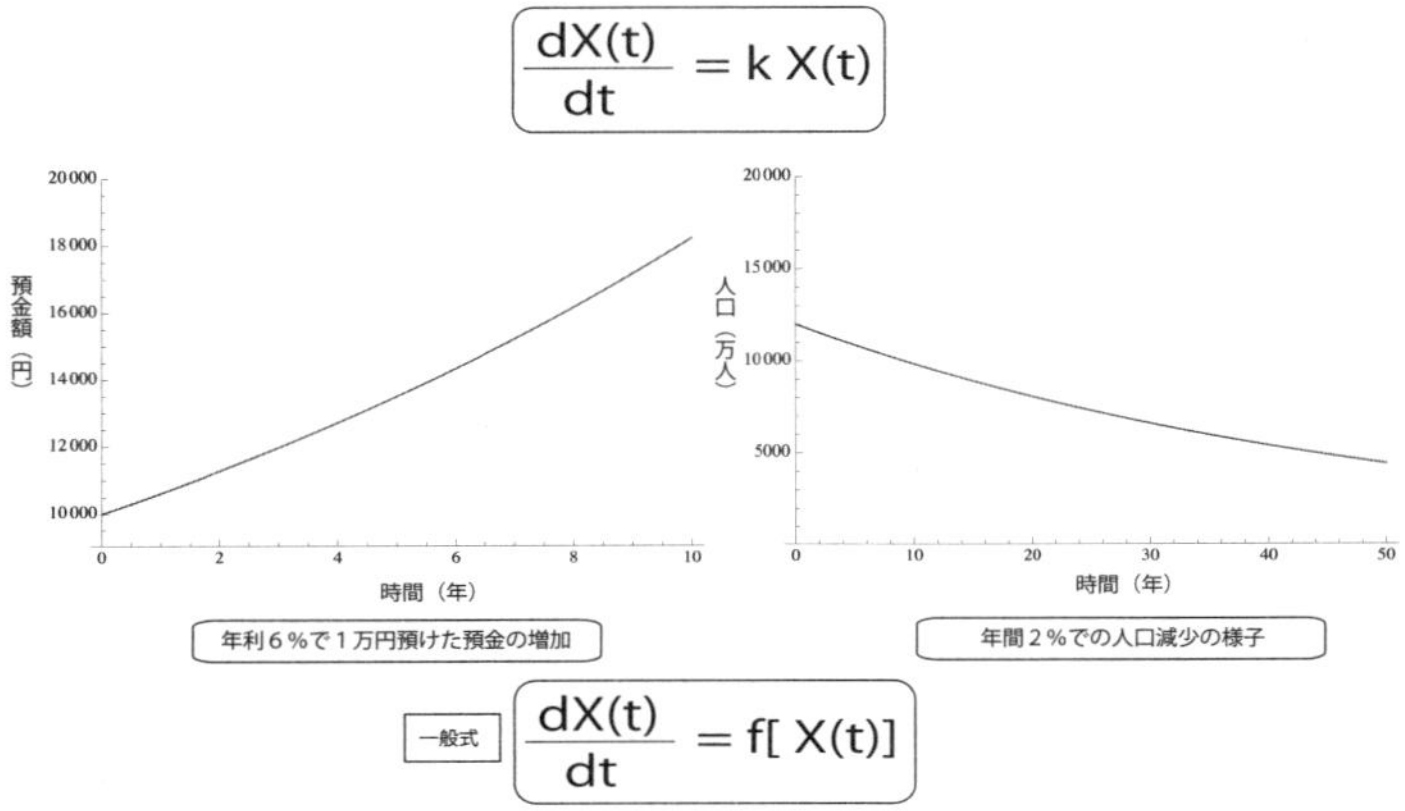

【図６－18】力学微分方程式の例とその様相

の預金状態から次の預金状態への変化に固定金利利率という単純な法則性がある。これを変化を表す微分方程式という数式で表すと、【図６－18】の式となる。

X(t)は我々が変化に注目している量の時刻ｔでの値である。Ｘの量は時間とともに変化するので、「Ｘは時刻ｔの関数になっている」と言う。前記で言えば預金の残高となる。等号の左辺はX(t)の時間微分と言うが、単位時間あたりどれだけの量のX(t)の変化があったかを示す。右辺のｋは増殖率で、ある定数としよう。例えば、前記の１%の固定金利であればk=0.01である（ここでは単位時間は1年である）。前記のX(t)に１万円を代入してもらえれば、単位時間である1年後の変化の量は確かに１００円となることを確認してもらえると思う。同じ図にグラフを示したが、だんだんと増えていく様子がわかると思う。ここに示しているのは複利の場合で、１年後には1万１００円が元金になって、続いて増えていく。このような増え方を指数関数的な増加という。指数関数的な増加は、時間がたつと大きく増える。筆者が高校生のころには郵便貯金の定期金利が6％ということがあったが、これで10年預けると1万円の預金は約17900円となる。2倍にはならないが、約8割の金利がついたことになる。

逆に、今問題になっているように日本人の人口が減少していくとする。1億2000万人から、仮に毎年2％ずつ減少していくとしよう。この場合も数式は同じ式が使えるがk＝－0.02とマイナスの符号がつく。この場合も同じ図に示したが、今度は最初は大きく、そして時間とともに徐々に小さな幅で減少をしていく。しかし、この減少率であっても日本人の人口が半分になるのに35年とかからない。

実際の変化は多様であり、対応する数学も複雑になるが、前記のように単位時間の変化の量が、現在の量の何らかの関数になっている場合を力学系という。式で書くと、この図の下の一般式となる。既に述べたような例では関数fは単にXに定数のkを掛けるだけであったが、一般には2乗したり、定数を足したりなど、複雑になり得る。

さて、いよいよ遅れの効果を表現するのだが、この代表例として遅れを含む力学式というのを考えることができる。これは【図6－19】の上段に示した式となる。何が違うのだろうかと言えば、右辺の時刻tがt－τ《タウ》に変わっている。式としての違いはこれだけだ。ではこの物理的な意味はどうなるだろう。銀行の預金の例で考えてみると、預金の変化の量が今、時刻tの預金金額ではなくて、τ時刻前のt－τの時刻の預金金額と関係して決まっている。つまりτの時間分だ

$$\frac{dX(t)}{dt} = k\,X(t - \tau)$$

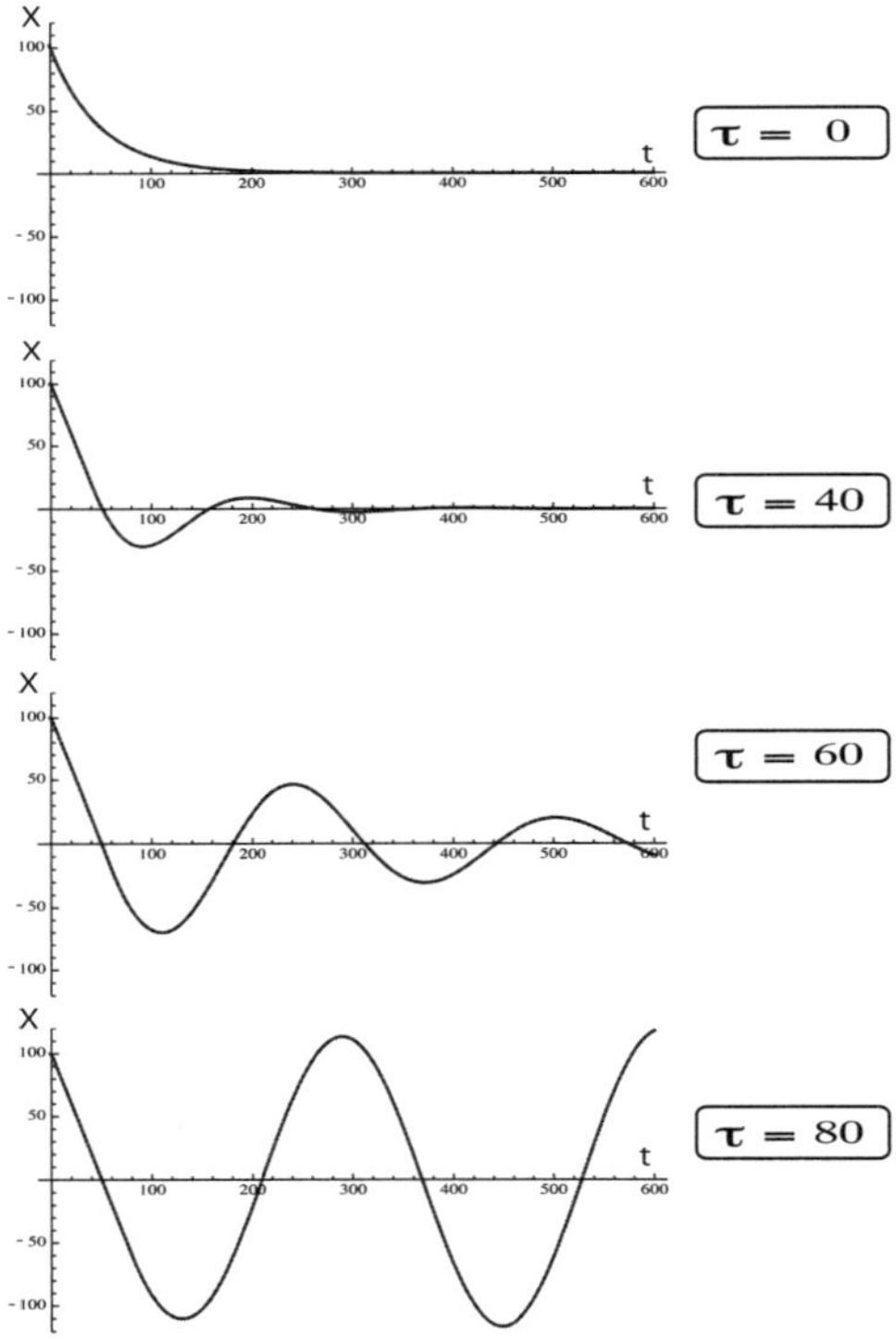

遅れの値を大きくするだけで振動がおきる（k= - 0.02)

一般式 $\frac{dX(t)}{dt} = f[X(t - \tau)]$

【図 6 －19】 遅れを含む力学微分方程式の例とその様相

け少し前の過去の状態が今に影響を与えていることになる。

これはある意味、前に述べてきた、自分の出した信号や情報が一定時間遅れて自分にフィードバックされて、影響を与える状況と類似する。このような力学微分方程式を「遅れを含む力学微分方程式」とか「遅延微分方程式」と呼んだりする。もうすこしかしこまった数学の分類では「汎関数微分方程式」の1種類ということになる。

遅れによる振動

では、この遅れを含んだ拡張が何をもたらすのか。微分方程式は、今ではコンピュータを使って解くこともできる。つまりX(t)の変化を数式の計算によらなくても求めることができる。わかりやすい例として、遅れのない場合に考えた人口減少の例でk=－0.02の時を考える。とりあえずスタートはX=100としよう。さらに遅れτの値を変えていった時、いくつかの場合のX(t)をグラフにして描いていくと【図6－19】のグラフのようになる。

これらから見られることは、遅れがないときには単調に滑らかにゼロに減少していくという変化の仕方が、遅れの存在により、変化するということである。特に、遅れがある程度以上になると、振動の現象が見られるようになるのが特徴である。この振動は遅れによってもたらされる最も特徴的な現象である。

フィードバックを使う制御においては、この遅れにともなう振動は問題となる。ちょうどシャワーの水の温度を調整しようとするが、反応に遅れがあって、ノブを回して瞬時にその温度にならないので、ついつい熱くしすぎたり、冷たくしすぎたりと水温を振動させてしまう。現実のさまざまなシステムのフィードバック制御は、より複雑であるが、遅れに伴う振動に対する困難は、このシャワーの水温調整の問題に基本的には現れている。

振動からカオスへ——より複雑な動き

一般的には、遅れの概念は物理学ではあまりなじみがない。既に述べたように光の速さも有限なので物理においても、遅れの概念は適用できる。しかし、分野の哲学として、より詳細に因果関係を明確にするという立場が取られていて、光は電磁波の波の伝播であるし、音響フィードバックも音の波の伝わりとして考える。

このためもあってか、遅れの概念に焦点をあてた研究は、どちらかと言えば生物・生理の分野を中心に研究が進んできた。ある動物の数を問題にする数理モデルでは、単純にどんどん生まれたり、死んだりする率を数式に取り込む基本形がある。これに対して、さらに生まれてから子孫を残せるまでの成長の時間を遅れとして考察に含めることがなされている。この考察によって、観測データでみられていた個体数の振動を数式でも再現できるようにするのである。

もう少し身近なところでは、我々が明るいところから暗い部屋に入った時の様子を思い起こしていただくと良い。最初は真っ暗でなにも見えないように感じるが、少しすると「目が慣れて」おぼろげに見えるようになる。我々の目は、瞳孔の大きさを調整することによって、入る光の量を調節している。明るいところでは小さくなり、暗いところでは大きくなるように、瞳孔の大きさを変えているのである。「目が慣れる」というのは、光の入力の変化に対して、瞳孔の大きさの変化がおきることをいい、この制御にも遅れが存在し、人間の生体反応の1つとして、実験的にも理論的にも研究されている。

1977年に発表された血液細胞の再生の数理モデルの論文も、そのような生理システムを対象とした論文の1つであるが、この研究は、遅れの存在がもたらすより複雑な挙動を明示的に示した。この研究はカナダのマイケル・マッキーとリオン・グラスによってなされたので、この数理モデルはマッキー・グラス・モデルと呼ばれている。このモデルは、遅れにともなう複雑さの多々の数理的な研究を生み出す母体になった。前に紹介した、追跡と逃避における遅れの効果による複雑な動きの研究もその1つである。

このモデルを数式で書くと我々の既に述べた式よりだいぶ複雑な形をしているが、【図6-20】のようになる。

ここで、すべての条件を同じにして、また遅れの値を変化させてみよう。ここでも初期条件はある値に固定しておくとする。この結果も【図6-20】のグラフに示した。この式の場合も遅れがなければある一定値に近づいていく。しかし、遅れがさらに大きくなると、振動が始まる。さらに大きくすると、今度はより複雑で規則性が見えないような動きになる。一見、ノイズのようにも見えるが、このモデルではどこにも確率的な要素はない。実は数理的にはまだいろいろに検証が必要と聞いているが、この複雑な動きはカオスという現象の一種であると考えられている。遅れが大きくなるに従って、安定した状況から、規則的に見える振動、そして不規則な複雑な動

$$\frac{dX(t)}{dt} + k\,X(t) = \frac{b\,X(t-\tau)}{1 + \{X(t-\tau)\}^n}$$

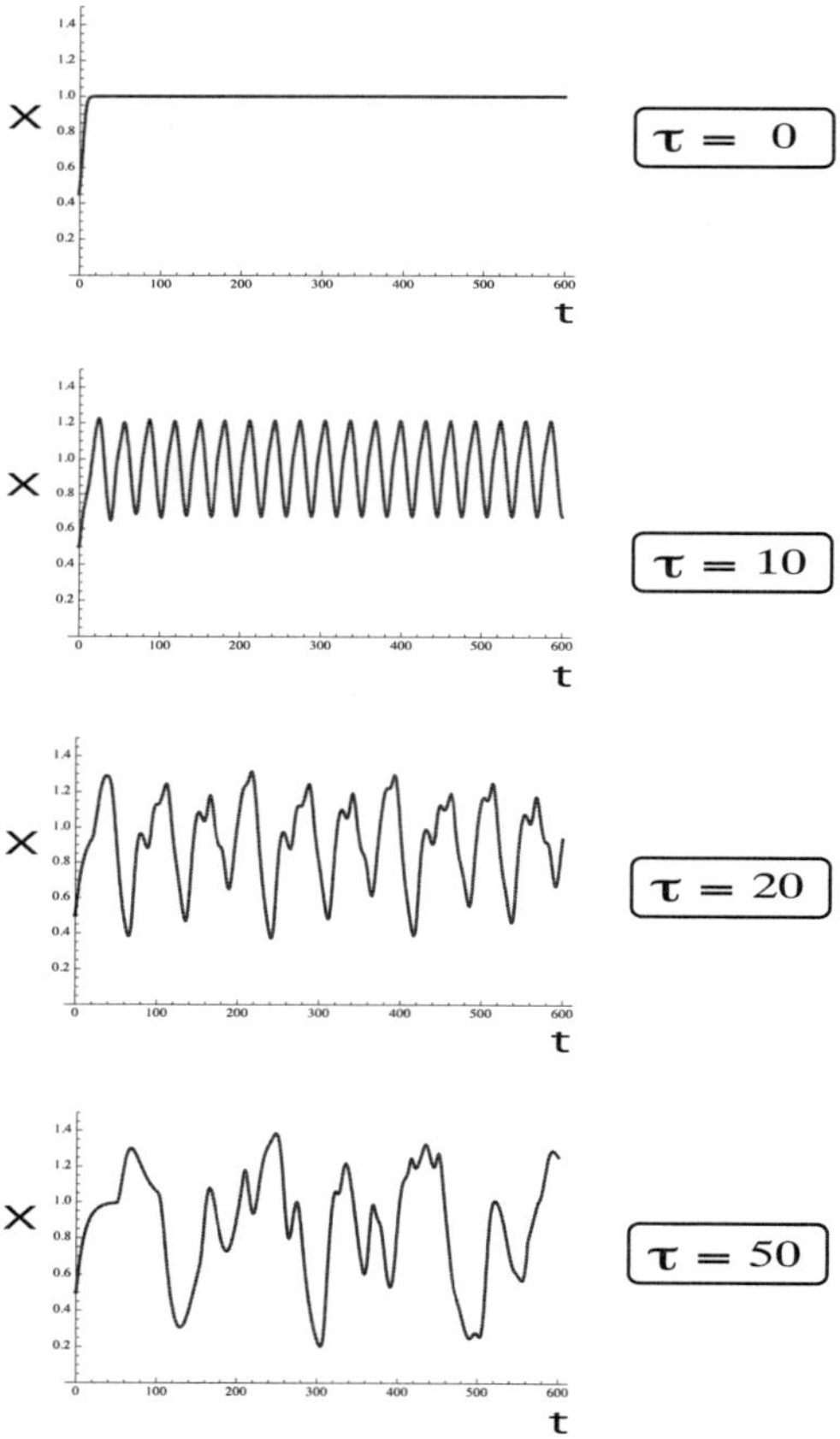

【図６－20】マッキー・グラスモデルの遅れの増加に伴う複雑な挙動への変化
(k=0.1, b=0.2, n=10)

きと、不確かさが増大している。

一般の人には、このモデルの式はとても複雑に見えるだろうが、遅れがない場合は、微分方程式を少し学んだ人には、まったく手がでないほどでもないし、その性質も調べることができる。しかし、遅れがゼロでない場合は、かなり厄介で、数理的にはわからないことも多い。ただ、別の見方をすれば、遅れの存在だけで、1つの数式から出てくる挙動を単調なものだけでなく、より豊かにし得るとも言える。本書の冒頭に述べたブライアン・メイのギター演奏も、音響フィードバックとしてはけっこう大きな遅れを用いて、見事に重厚なサウンドを生み出している。

筆者が初めてこの数理モデルの話を聞いたのは大学院生の時であった。普段は単調で、ある意味つまらなく見える数式の挙動でも、あるきっかけで非常に複雑になり得ることが興味深く思われた。遅れに伴う不安定さや不確かさと、その意外性は、ある意味、楽しくつきあえる相手でもあると、読者にも感じていただけるだろうか。

ゆらぎと遅れを合わせた数理

第5章の最初に述べたように、ゆらぎと遅れをともに含む形で扱うことは数学的にも簡単ではない。いろいろな意味でまだ開拓途上でもあり、だいぶ複雑になるが、ここに簡単に解説する。

まず、アプローチとしては2つある。1つは前節で述べた、遅れ微分方程式にゆらぎを加えてやる形で数式を構成する方向である。こちらでは、その結果導き出される「遅れ確率微分方程式」を研究することになる。遅れ微分方程式も、確率微分方程式も独立に研究が進んできているので、こちらはある意味自然な融合であり、ゆらぎと遅れを共に含むシステムの研究としては主流である。

筆者は別のアプローチとして、ランダム・ウォークに遅れを導入した「遅れランダム・ウォーク」の方向の研究を1995年に提案した。もともとは人間の重心制御の実験データを解析するための手法として考えていたが、概説すると以下のようになる。

通常のランダム・ウォークは、右へも左へも同じ確率で動くが、人間のバランス制御などではまっすぐに制御できている点が重要であるので、ランダム・ウォークにも、特別な点を考え、これを原点とする。原点から離れていれば、原点の方向により動こうとするバイアスが、離れようとするよりも強くかかる。つまり、より大きい確率で原点の方向に動こうとする。【図6－21】にその様相を図示したが、ちょうど原点が谷の底になっているので、そちらの方により動きやすい。別の見方としては、酔っぱらいのウォーカーにも原点という家があるので、酔っていてもなんとなく家に帰る方向に動きやすいという感じである。

さて、この原点に家のあるランダム・ウォークに遅れの導入を行う。少し複雑になるが、動きのバイアスが、現在の位置ではなく、ある一定時間（遅れ時間）前の位置によって決まるように数理モデルを拡張する。例えば、今の時刻にはウォーカーは原点の右側にいるとするが、遅れ時間前には左側にいたとする。遅れがなければ、今の位置からみて、原点の方向すなわち左側により動こうとするのだが、遅れのために、左側にいると思い、右側によりバイアスを入れた動きと

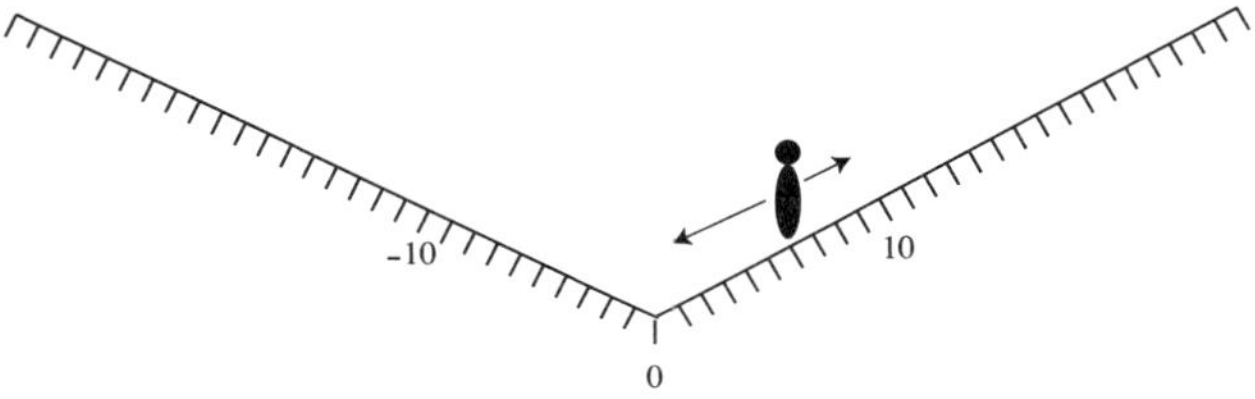
遅れが無いときには原点（家）の方により大きいバイアスで動く

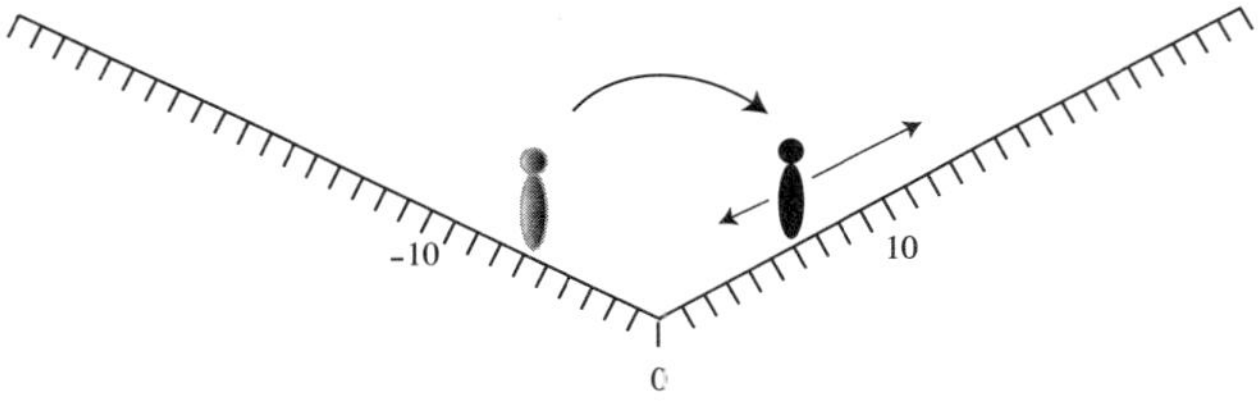
遅れがあるときには原点（家）から離れるバイアスで動く可能性がある

【図6－21】原点（「家」）に向けてバイアスのあるランダム・ウォークと遅れランダム・ウォーク

なり、結果として原点からより離れてしまう確率を高める。

酔っぱらいにもどれば、すでに家の右側にいるのに酩酊がより強いので、遅れ時間前にいた左側だと勘違いして、家から離れる方向にあえて動きやすくなってしまうという感じである。棒のバランスの時に述べた、我々の制御反応の遅れのために、左側に傾いていると思い補正しようとする動きの間に、すでに棒は右側に傾いていたということに対応する。

通常の対称なランダム・ウォークに加えての単純な拡張ではあるが、数理的にはいくつか面白い課題を提供してくれる。遅れ確率微分方程式のアプローチでは理解が困難であった統計的な振動の性質などについての見通しもよい。

また、この遅れランダム・ウォークの研究から派生して、遅れによる振動と、「確率共鳴」を融合した「遅れ確率共鳴」の数理モデルも展開した。これらの委細についてはさらに複雑になるので、これ以上は述べない。興味があれば、より専門家向けの拙著（『ノイズと遅れの数理』共立出版）もあるので参考にしていただければ幸いである。

実験との対応については、この遅れランダム・ウォークを用いることで、実験データに見られる人間の重心バランス制御の統計的性質をある程度とらえ、人間の反応時間の遅れなどの推定も200から500ミリ秒とほぼ正しい範囲で行うことができた。また、遅れ確率共鳴の数理モデルは、レーザーでの実験などでの物理現象の確認にもつながった。これまでもいくつか述べてきたが、単純な数理モデルと現実の対応を考えたりすることも、研究の中の愉快な部分である。


〈まとめ〉

この章では、遅れとゆらぎの世界の数理に少しだけ立ち入って紹介を行なった。いくつかの基本的な部分を押さえていただくだけで、身近な問題への応用が広がったり、意外さを発見できたりして楽しいということを少しでも感じていただければ幸いである。

他方、現象からも数学の視点からもゆらぎと遅れの世界には未開拓な部分、複雑で理解が困難な部分は多々ある。しかし、人間や生物は、このような複雑さをさりげなく克服しているように見える。次章の最終章では、やや抽象的にもなるが、これらの研究や紹介を通じて、筆者なりに感じた部分を俯瞰的に述べていく。

最終章　生命と機械、時間と空間

読者の方々には、ここまで目を通していただいたことを感謝したい。と言いつつも、終章では、このような研究分野で試行錯誤しながら、背景としてぼんやりと考えてきたことを述べたいと思う。内容は正確さを欠き、自身で研究したりしてきた実績に比して、大いに針小棒大になっているところも多々ある。ただ、不確実でも曖昧でも具体的な研究の事例と並んで、「自分は、これを一体何のためにやっているのだろう」と時々ズームアウトしてみることも、必要と信じている。それ故、まとまりもないし、やや恥ずかしくもあるが、もう少しお付き合いいただきたい。

機械と人間・生命

カリフォルニア州の知事にもなった、映画俳優のアーノルド・シュワルツェネッガーの出世作が「ターミネーター」である。彼は人間の形をしているが、未来から送り込まれた精巧な機械である。映画の最後では人間そっくりの表皮がはげた、ロボットがその姿を見せる。

筆者は研究発表などでユーモアを理解してくれそうな聴衆であれば、講演の最後に、このシュワルツェネッガーと中身のロボットの写真を並べたスライドを見せ、「この2つは同じであるかどうか?」と尋ね、考えてもらう。

「生命とはなにか」という問いは量子力学の開拓者である物理学者のシュレディンガーや、すでに述べたようにブラウン運動のブラウンなど、多くの叡智の関心を集めてきた。学術会合では「21世紀は生物学の世紀」などという標語も見かける。時どきにお騒がせな「発見」もあるが、真に近年の生物学、特に分子生物学の進展はめざましい。現象としては謎だったものが、今では分子レベルでその機構がどんどん解明されていく。

さらに、今となってはクローン羊を作ったり、細胞の機能を初期化したりするなど、人間が生命を操る範囲が急速に広がっている。この展開に、思わず漱石の小説の一節を思い出す。

「人間の不安は科学の発展から来る。進んで止《と》まる事を知らない科学は、かつて我々に止まる事を許して呉れた事がない。徒歩から俥《くるま》、俥から馬車、馬車から汽車、汽車から自動車、それから航空船、それから飛行機と、何処まで行っても休ませて呉れない。何処まで伴れて行かれるか分らない。実に恐ろしい」(夏目漱石『行人』新潮文庫)

このように生命の機構の解明や制御の技術的な躍進があるが、一方でその背後にある、我々の「理解」への哲学というのは、何なのであろうか。筆者には、どうも「生命の機械観」という、工学や物理学の成功に裏打ちされた暗黙の哲学が存在しているように感じられてならない。しかし、このような哲学は我々を本当に「生命の理解」に導くのだろうか？　そして、我々もターミネーターのような、機械ではないにせよ「精巧な高分子機械である」と結局結論づけられるのであろうか。

ならば、その時には我々の「意識」はどのように位置づけられるのであろう。名古屋大学で生物物理の開拓をされた大沢文夫名誉教授の講演を聴いたことがある。冒頭で披露されていたのは、前述の素粒子の関連でご登場いただいた南部陽一郎先生が「生物のソフトはどうなっているんですか？」と大沢先生に尋ねられたという話であった。このような先生方のやりとりには、やはり畏怖を感ぜざるを得ない。

しかし、単純にコンピュータのようにハードウエアとソフトウエアと切り分けて、意識をソフトウエアとして考えてよいのであろうか。机の上に放したアリに手をかざせば、逃げるように動く。ここにも意識がはたらき、それは我々と同じように「恐怖」を感じて、我々が逃げると解釈するように動くのであろうか。それとも、より単純に手をかざしたことによって生じた、光の変化や空気の微細な圧力の変化を検知して、そしてその出力として足を動かすようにプログラムがされているに過ぎないのであろうか。もちろん、逆に我々が感じる恐怖というのも、脳内の科学物質、血圧、心拍などの変化と還元されるのであろうか。通常は多くの星やちりなどが集積している銀河などに「意識」があるとは言わない。しかし、物理現象としては、銀河も我々と同じように多数の要素が相互作用をしながら、刻々と変化をしている。どこに差があるのだろうか。

生命のハードウエアの構造や、その維持自体も難問である。物理学者の間では宇宙も含めて、自然は何の偏りもなく、一様に物質やエネルギーの存在する無秩序な状況が基本であるという信奉がある。そして、自然はその偏りのない方向に向かって変化をしていくとも考えている。炭酸飲料でペットボトルの中に閉じ込められたガスは、蓋をあければ、外に出て広がっていく。熱した金属や石も、徐々に温度がさがり、周囲と同じ温度になっていく。そして命あるものも「死」に向かっていく、等々。

逆に言えば、銀河にしても、我々のような生命にしても、構造や秩序を持つものは、「偏った」存在であり、それはたまたま歴史的な理由でつくられて、今も基本の偏りのない無秩序な状態に向かって少しずつでも変化し続けている過渡的な存在であると主張するのである。正確ではないが、この偏りのある無しを測るのが「エントロピー」という概念である。偏りや秩序があれば小さく、なければ大きくなる物理量として考えだされた。この概念を用いれば、我々も含めて宇宙全体としてはエントロピーは増加し続けているというのが、物理の基本的な考え方の1つである。

生命においては、短い一生であっても身体の構造を維持している、偏りのある状態である。また、子孫を残すことで、再び構造を生み出す。これでは、このエントロピー増加に反していないか？　前述のシュレディンガーなどはこのような問題や議論を展開している。この議論によれば我々が構造を維持できるのは、食物などの他の物質の秩序を代謝を通じてなくしていくことで、つまり周囲の「負のエントロピーを食べる」ことで、自身のエントロピーの増大のスピードを遅くしているということになる。生物は周囲の秩序の崩壊を意図的に加速させることで、自身は構造や秩序を維持しているのである。もし、我々が真空の部屋に閉じ込められれば、もしくは飲食を許されなければ、代謝ができずに遠からず死に至り、物質として崩壊していく。このように、生命が生命として構造や秩序を維持しているのは、周囲とのエントロピーのやりくりに頼っている結果である。ちょうど、家計の赤字（エントロピー）が徐々に増加している家庭において、お父さんの飲み代を減らして、子供の塾や習い事の資金（負のエントロピー）を捻出し教育レベルを維持しているような状況と類似している。

意識や脳の中の情報も、ある意味、秩序ある状態を意図的に作り出したり、壊したりしている。これにはそれなりにコストがかかる。事実、人間においては重量が体の2％の脳の消費するエネルギーは全身の消費量の2割を超えると言われる。これは全体の50％の重量を持つ筋肉の消費エネルギーとほぼ同等である。

情報と物理の関係は必ずしも単純ではなく、その探究は、現代物理学や情報学の重要な研究トピックの1つである。例えば情報の研究にもエントロピーの概念は駆使されている。また、エネルギーから情報を作り出すことの逆の、情報からエネルギーを作り出すことについては、その可能性が2010年代になってからの実験で見えてきた最先端の研究である。しかし、その先の意識の物理的な理解までの道のりは、まだ長そうである。

一方、情報が脳の中でどのように取り扱われているかについては、脳の構造の研究が進み始めた19世紀から研究が積み重ねられている。我々の脳は、体の他の細胞とは異なり、神経細胞（ニューロン）という樹状系の細胞によって構成されている。それぞれは枝がのびるような形で他の多くの神経細胞に電気パルスを用いて、信号の伝達をしている。自らも他の多くの細胞からの刺激に応じて、この電気パルスを発生させている。

我々の学習や記憶は、この信号伝達の効率の変化によってもたらされるというのが、現在の脳科学の中心的な理解である。数理的にも、このような性質を反映した脳のモデルの研究が積み重ねられている。筆者の恩師のシカゴ大学のジャック・カワン教授も、ロンドン・インペリアル大学でホログラフィーでノーベル賞を受けたデニス・ガボール教授、そしてＭＩＴでウォーレン・マッカロー教授に師事したあと、これらの先達の研究を引き継いで、神経ネットワークの数理モデルの研究を推進している。特に、興奮性と抑制性の刺激の信号伝達が脳の活動にどのような影響を及ぼすのかの数理研究での貢献が大きい。

このような数理研究を下敷きにして、工学的にも、パターン認識や学習アルゴリズムの開発が、多くなされている。デジタル・カメラで顔の部分を認識するようなアルゴリズムにはガボール・フィルターが使われている。多くの人が話すパーティーの会場から、特定の人の話し声を取り出せるような、音声認識アルゴリズムも開発されている。「ニューロ・コンピュータ」というような、脳の神経回路をモデルとしてのコンピュータの開発なども進んでいる。

しかし、このような脳研究に基づいたアプローチにおいても、脳における情報の表現などについては、まだまだ多くの議論がある。さらに、情報の先にある意識の問題の解明は、萌芽的な状況にあると思われる。

また、生命の重要な特徴である再生産についても幾つか進展はある。人工生命の分野などでは自身の特徴を模した0と1からなる文字系列パターンを複製するプログラムが開発されている。また、生物物理の分野ではプロトセルと名付けられた、少数の化学反応式から細胞分裂を模した現象を再現できる物理化学や数理モデルも作られている。

しかし、繰り返しになるが、そもそも、このような物理的な視点だけで、生命を理解していると、もしくは理解の方向に着実に進んでいると言えるのだろうか？

申すまでもなく、筆者はこれらの疑問になんとなくでも答えるだけの学者としての知識の蓄積も力量も持つものではない。限られた範囲の研究活動で、時折、自分のとりかかっていることの位置づけや意味を疑うときに、自身にぼんやりと投げかけている。特に、反対の手で物を振りながら、棒の倒立制御をする関連の研究では、以下のような考えが浮かんだり沈んだりした。

通常はある制御の精度を高めようとすれば、それと一見無関係なことは取り入れようとはしない。その意味では、反対の手で物を振ったりしながら棒のバランスを取ろうとしたりするのは、「物理的な生命観」からは少し逸脱した、もしくはささやかな抵抗をした試みと言えるかもしれない。

では、逸脱した部分とはなにか。次の節で述べる「個と全体」とも結びつくであろう。また、「意識」の部分とも考えられる。関連する要素としては「検知」「フィードバック」「予測」「制御」「ゆらぎ」などであるが、個別には工学的にも研究や実現がされている。しかし、我々の中では、こんなふうに綺麗に切り分けられているとは到底感ぜられない。

また、「意識」を「ソフトウエア」となぞらえるとしても、コンピュータでもそうだが、「ソフトウエアを書く」ということは、結局メモリやハードディスクなどの記憶装置の物理的な状態を変化させるということに帰着する。我々も時々刻々と「ソフトウエア」を自らで書き続けている、もしくは自らで書く機能をもった高分子機械なのかもしれない。この「機械」は周囲の環境に応じて変化を繰り返しているうちに、その変化が、全体の変化に影響をおよぼすような一部分が生まれてくる（脳の原型？）。この部分を中心に、自らの変化も検知出来るようになり、その変化を記憶もする。そして、今度はその自らの変化の仕方もフィードバックなどの効果によって制御できるようになる。こんなことを繰り返しているうちに一部の変化は「ソフトウエア」や「情報」や「意識」という「概念」で物質の変化とは別であるかのように、検知されることになり、さらには「予測」も出来るようになる。

こんな物体は作れるようになるのだろうか。予測のできる工学システムは、あまり良い話ではないが「追尾システム」など、すでに様々に、そして高度に作られている。しかし、これらにはまだ意識があるとは言わないであろう。しかし、逆に「意識あるものは予測能力を持つ」という命題は真に近いような気もする。我々自身が創りだした、個別の概念の切り分けによらないで、ハードもソフトも一緒に混ぜあわせになったような機械や物体があれば、もしくは作れれば、それは意識を持つ生命に近いかもしれないし、もしくは我々自身なのかもしれない。そして、その物体に「ゆらぎ」や「遅れ」からくる不確実性は、機能の獲得や探索に有意な影響をおよぼしているのだろうか。

しかし、これではささやかな抵抗をしたつもりの元々の「生命の機械観」の視点にまた引き戻されているようにも思う。立ち返れば、それが生命のすべてであろうか？

個と全体

黒澤明監督の映画「生きる」は、端的に日本の個と組織の葛藤をとらえた映画と言える。形式主義の蔓延した市役所で働く、ガンで余命の長くないことを知った万年課長が、奮起して住民の望む公園をつくることに奔走し、様々な組織の壁にぶつかりながらも、これを完成して、そこでブランコを揺らしながら息を引き取る。

物質にしても、生物にしても、そして企業などにしても、それぞれ個の集合ではあるが、全体としては、それらの個の要素の性質とはまったく違う性質を帯びることが多くある。これは要素の数が大きい集まりの時には特に顕著だが、小さい集団にも起こりえる。不確実さこそが、より根源的な現実であるとする原子レベルのミクロの世界を記述する量子力学によると、特に不思議なことが起きる。

サングラスやマスクなどがそうだが、ある程度の光やちりの量をブロックして、透過させないようなフィルターがあるとする。例えば10％しか透過させないとしよう。では、これを2枚重ねるとどうなるであろうか。我々の通常の世界では、これは10％の10％なので、もともとの1％が透過して、99％ブロックができる、より強力なフィルターとなる。

しかし、同様のことを量子力学の世界で行うとまったく違う結果が出る。2つのフィルターの

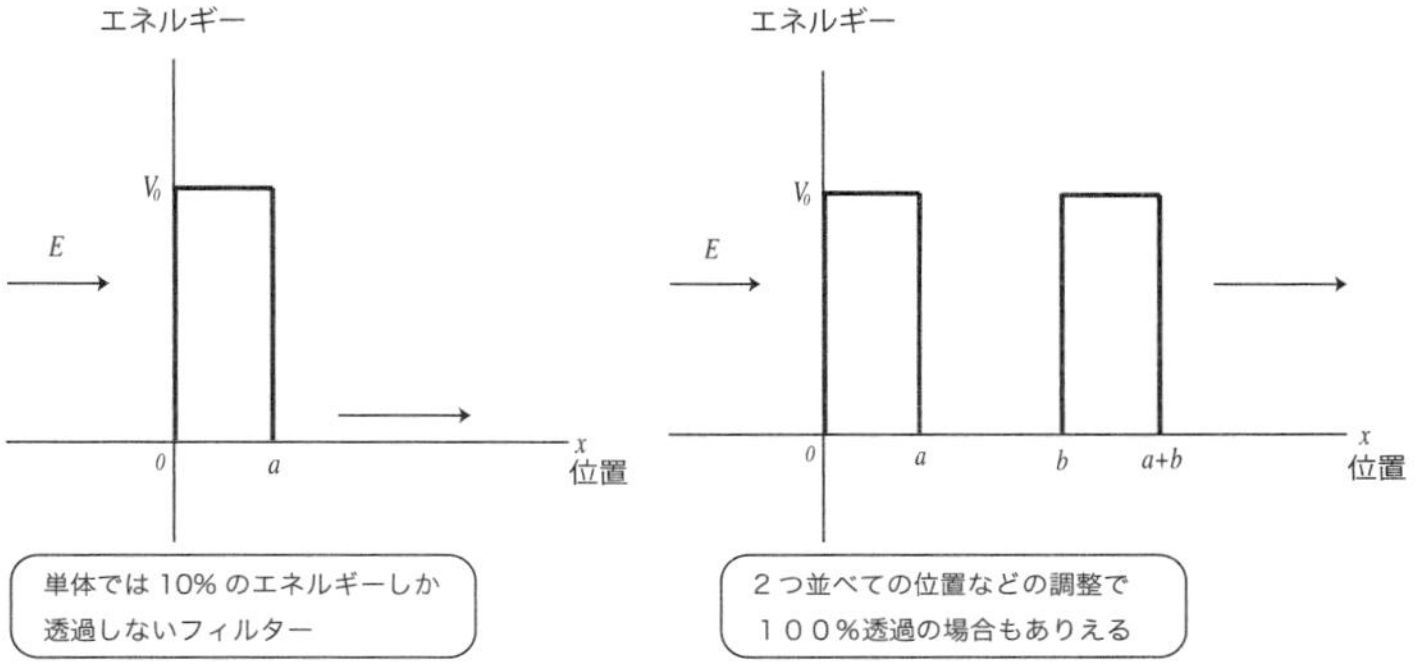

【図７－１】量子トンネル共鳴

効果が単に前記のような掛け算にならないだけでなく、逆にフィルターとしての効果を弱めてしまい、なんとすべてを透過、つまりブロック能力をゼロにしてしまう場合も存在するのである。これは「量子トンネル共鳴」現象と呼ばれていて、江崎玲於奈博士がノーベル賞を受賞したエサキダイオードにも関連し、実験的にも確認がされている【図７－１】。委細については触れないが、ここでも、ゆらぎのところで紹介した共鳴が出てくるのである。

個々の要素の性質を調べて、それらを我々の「常識」や「合理性」（筆者は「古典的合理性」と呼ぶが）で組み合せても、全体として出てくる結果や性質は、まったく異なったことになるのである。個人と組織のように人間関係など複雑な関係が絡みあう状況であれば、そのようなことがある方が自然かもしれないが、これが、比較的単純な構成の物理システムでも理論的にも実験的にも存在することは意外ではないだろうか。

生命現象においてもこのように我々の「古典的合理

性」の及ばないことが、たくさんちりばめられていると感じる。筆者はこの点において、物理学や工学において非常に有効な「言語」であった数学が、生物・生命現象には必ずしも適していないのではないかという疑いも持っている。生物学の学生を念頭に置いた「実験室のための数学」(Mathematics as a Laboratory Tool, Springer, 2014) の教科書を共著したジョン・ミルトン教授とも「本当に数学でよいのだろうか」という議論を時々している。

片方の手でペットボトルを振り、もう一方で棒をバランスするというようなことが、「合理的」となるような「理論」の形態とはどんなものだろうか、とぼんやりと考えはしても、未だに五里霧中なのである。

局所と非局所——時間と空間で(その1)

個と全体を、時間と空間の概念の枠の中で考えてみると、やや重い言葉だが「局所」と「非局所」となる。英語で言えばローカルとノンローカルである。古典的な物理では時間と空間の中のある1点(個)、例えば「現時点の位置」とそこでの状態が重要になる。自分が投げた野球ボールの今の位置と状態が、次時刻の位置と状態を決める。時々刻々とこれを繰り返す比較的単純な法則が存在するというのが、古典物理の基本的な考え方である。読者で言えば、今この時刻にこの文をこの本の中で読んでいるという状態にあるが、これが次の時刻には次の文章を読んでいるというつながりになる。もちろん、ここには単純な法則は無いので、そうはならずに本を閉じてしまったかもしれない。

つまり、古典物理では時間と空間の「個」（局所）を、力学法則でつないでいくことで、「全体」を作り上げることが出来る。このような理論や法則を「局所理論」という。今では当たり前のようになってしまっているが、これ自体も非常に驚くべきことである。我々の日常に見える種々の自然現象はルールにしたがって、時々刻々機械のように動いているのである。

20世紀に入って、このある意味幸せな古典的な物理の見方に大きな変革が生じた。量子力学と相対論である。これまでの常識が、我々の日常と比較してすごく小さな世界、もしくはすごく速く動くことで見える世界、においては通用しないということがわかったのである。時間と空間の立場で言えば、この2つの見方は非常に違った方向に進んだ。相対論では時間と空間を概念的により近づけて考えることとなった。「時空」として一緒に表現されることも多い。しかし、量子力学においては、時間的には「局所」的なのだが、空間的には「非局所」的な理論が必要とされ、ある意味、時間と空間の概念の溝はより深まったとも言える。

特に「非局所」性は、いろいろな意味で我々の常識とずれるので、量子力学の世界というのは理解が難しい。筆者も到底理解しているとはいえないが、端的には前節で述べた2つのフィルターの例を考える。個々のフィルターの性質だけでは、これが2つになった時の性質を「古典的合理性」により導くことができない。離れた2つのフィルターの間隔なども含めたシステム全体の様相を知る必要がある。これを言い換えれば、空間的にフィルターのおかれている「局所」の性質だけではなく、空間的に離れた2つの「非局所」の情報が、透過率などの性質を知るためには必要なのである。

「全体の性質を知りたければ全体を知れ」、ということの考え方はもっともなようにも聞こえるが、「全体の性質を知るのには、個々の部分に時間的にも空間的にも分割して、それぞれの性質を丁寧に調べて、そこから少しずつ組み上げていく」という、我々の慣れ親しんだ「科学的分析手法」とは正面から衝突する。このため、「不確実性が本質である」というもう1つの柱と合わせて、量子力学の「思想」に対する疑義や研究は現在に至るまで続いている。アインシュタインも疑義を提示した物理学者の代表である。他方、「量子情報」や「量子コンピュータ」のような、この不思議さを逆に活用しようというような研究の動きも近年活発に行なわれている。

物質の基礎となっている原子の世界で見られる、特殊な不確実性や、非局所性は、ある程度の大きさや数が集まると見えにくくなり、我々の周りの日常の物体では感じられない。しかし、その「思想」はどうだろうか。個人と組織、個々の細胞と生物、等に見られる、要素と全体の大きな違いを考えるには、このような思想も活用できるかも知れない。

ゆらぎと遅れ——時間と空間で（その2）

この節で、この章も、この本も最後である。最後には、なにか不確実さに対して気の利いたことが書ければとも思ったが、あまり綺麗にまとまるのも不自然なので、あえて少し抽象的に、終えようと思う。

ゆらぎと遅れについて少し離れて眺めてみる。時間と空間との関係で言えば、ゆらぎは空間的な概念で、遅れは時間的な概念である。窓の外にゆらゆらと木の葉が揺れているのは、我々の目で見える。遅れは直接には目には見えないが、時計ではかることが出来る。前節では2つの離れたフィルターと関連して、非局所性を論じたが、この非局所性の概念も通常は空間的な概念である。

一方、遅れがもたらす効果を知るには「今」の「局所」の情報だけでは不十分で、少し前の情報も必要である。ちょうど2つのフィルターが、空間での2点だったように、遅れに必要な情報は時間の流れの上で、過去と現在の2点であり、その両方の情報が必要となるということだ。つまり遅れは、空間の非局所所の概念を時間の概念に持ってきたとも言えなくもない。

同様なことは「ゆらぎ」についても言えないだろうか。つまり、空間的な「ゆらぎ」の概念を、時間の概念に移植したらどうなるだろうか。時間の誤差のような考え方にもつながるだろうが、時間の流れ自身がゆらいだら、もっと奇妙なことになるであろう。現象が過去と未来を行ったり来たりするのだ。テープレコーダーで録音した音が、未来向き（順回転）と過去向き（逆回転）にゆらいで聞こえたら、ビートルズの「トゥモロー・ネバー・ノウズ」のイメージするような不思議な世界となるのだろうか。

しかし、こんなことを理論にすることは難しい。筆者も「確率的時間」というような論文を書いたりしたこともある。この中では、確率的に時間が逆回転して、過去の軌跡を上書きする可能性を許す数理モデルを議論した。ちょうど、歴史書で、過去のある時点の記述を書き換えること

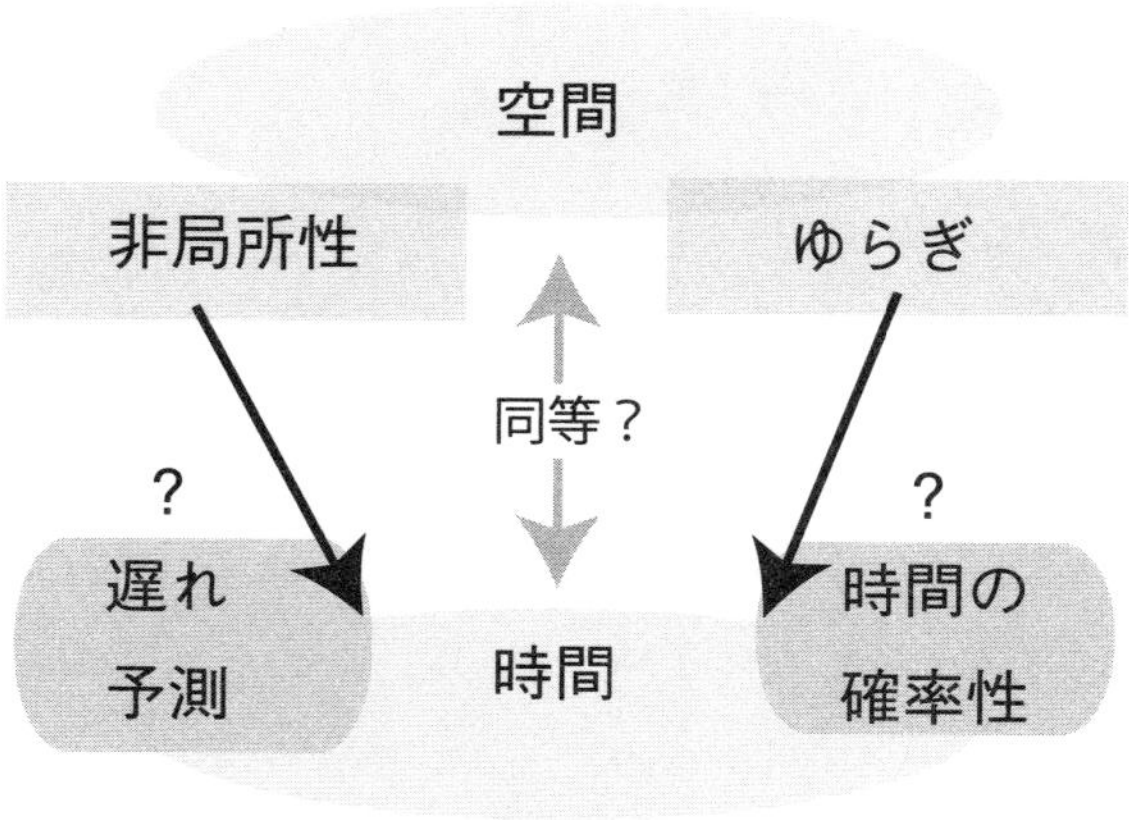

【図７－２】時空のゆらぎと非局所性概念図

に類似している。それは単に記述を書き換えるだけでなく、歴史教科書の議論にも見られるように、現在の認識や未来の行動にも影響する。映画「バック・トゥ・ザ・フューチャー」で過去を変えてしまうと未来が変わってしまうシーンがあったが、それと似たような感じである。物理的対象においても、そのようなことが時間の確率的なゆらぎで起こり、それらが幾重にも積み重なったらどのようになるだろうかなどと考えた。残念ながら、今から考えると、この数理モデルはいくつかの点において、自分でも怪しげに思う。俯瞰すれば、時間と空間の双方で、ゆらぎや非局所性の概念を、同等な感じであつかえるかを問うているのであるが、筆者の力量をはるかに超えている【図７－２】。

では、だいぶ話を小さくして、物を振りながらの棒のバランス制御の話に戻ろう。時間的には、反応の遅れによる「過去」があり、動作の「今」があり、そして予測をする「未来」がある。時間的に非局所的な要素が絡んでいる。しかし、我々の意識では時間の流れの中で明確に「過去」「今」「未来」と科学的・客観的に眺めながら、この動作をしているとは到底考えられない。これらの3つが一緒に1つの器に入れられてかき混ぜられたような状況を「今」として、棒が倒れないようにバランスを取ろうと動いているように思う。

一方、空間的にも、非局所的な要素は絡んでいる。棒を立てている手の「局所」だけでなく、反対の手で物を振る「全体」としてバランスをとっているからである。ここでも、しかし、どこを局所、どこを非局所と、意識も関係する上において、すっぱりと切り分けられるわけでもないであろう。

これらに加えて当然にゆらぎも、物理的な棒の動きから、我々の動作、知覚、意識のレベルまで、様々に存在する。このように考えてくると「生命におけるゆらぎと非局所性」の役割は重要である可能性が高い。しかし、その中身は物理学や「機械観」とは、また別の性質を持っていると感じる。特に時間と空間を背景にすると、過去から未来、右から左ときれいに整理されたものではなく、より混ざり合った形で「存在」しているのではないだろうか。

学術の世界では、時間や空間は重いトピックなので、軽々しく語るものではないという雰囲気もある。ましてや、物を揺らしながら棒のバランスをするという話から、時間と空間の話をするのは、文字通り針小棒大と言われても止むを得ない。不確実な日常の些細な事に搦め捕られながらも、しかし、時として、わかるともわからないともいえない思索をしながら、ぼんやりと時間を過ごすことは、幸福なことでもある。

あとがき

この書籍の執筆は主に2013年秋から2014年末にかけて行なった。この期間の研究活動は、おおはぎ内科・おおはぎ眼科（和歌山県橋本市）、エヌティーエンジニアリング株式会社（愛知県高浜市）、公益財団法人栢森《かやもり》情報科学振興財団（愛知県名古屋市）よりの助成によって支えられており、感謝したい。

新潮社の今泉正俊氏には、本書籍の執筆の提案から、内容随所への編集助言をいただいた。ここに深く感謝の気持ちを表したい。同僚の名古屋大学大学院多元数理科学研究科の稲浜譲准教授にも、原稿の丁寧な査読をいただいた。また、新潮社クラブの柳勝子さんには2014年の夏の滞在時に夜食のおにぎりまで握っていただき幸いであったこと御礼申し上げる。ちょうど、その滞在直後に作家志望であった父が他界したが、書籍の執筆中ということで、ささやかな親孝行はできたようにも思う。

新潮選書

「ゆらぎ」と「遅《おく》れ」——不確実《ふかくじつ》さの数理学《すうりがく》

著　者……………………大平《おおひら》 徹《とおる》

発　行……………………2015年5月30日

発行者……………………佐藤隆信
発行所……………………株式会社新潮社
〒162-8711　東京都新宿区矢来町71
電話　編集部 03-3266-5411
　　　読者係 03-3266-5111
http://www.shinchosha.co.jp
印刷所……………………株式会社光邦
製本所……………………株式会社大進堂

ISBN978-4-10-603769-6 C0342

渋滞学　西成活裕

無駄学　西成活裕

誤解学　西成活裕

五重塔はなぜ倒れないか　上田篤編

弱者の戦略　稲垣栄洋

強い者は生き残れない
環境から考える新しい進化論　吉村仁

新学問「渋滞学」が、さまざまな渋滞の謎を解明する。人混みや車、インターネットから、駅張り広告やお金まで。渋滞を避けたい人、停滞がほしい人、必読の書！

《新潮選書》

トヨタ生産方式の「カイゼン現場」訪問などをヒントに、社会や企業、家庭にはびこる無駄を徹底検証し、省き方を伝授。ポスト自由主義経済のための新学問。

《新潮選書》

国家間から男女の仲まで、なぜそれは避けられないのか？　種類、メカニズム、原因、対策など、気鋭の渋滞学者が「誤解」を系統立てた前代未聞の書。

《新潮選書》

法隆寺から日光東照宮まで、五重塔は古代いらい日本の匠たちが培った智恵の宝庫であった。中国・韓国に木塔のルーツを探索し、その不倒神話を解説する。

《新潮選書》

弱肉強食の世界で、弱者はどうやって生き延びてきたのか？　メスに化ける、他者に化ける、動かない、早死にするなど、生き物たちの驚異の戦略の数々。

《新潮選書》

生物史を振り返ると、進化したのは必ずしも「強者」ではなかった。変動する環境の下で、生命はどのような生き残り戦略をとってきたのか、新説が解く。

《新潮選書》